KB244221

사고력도 탄탄! 창의력도 탄탄!
수학 일등의 지름길 「기탄사고력수학」

♕ 단계별·능력별 프로그램식 학습지입니다

유아부터 초등학교 6학년까지 각 단계별로 4~6권씩 총 52권으로 구성되었으며, 처음 시작할 때 나이와 학년에 관계없이 능력별 수준에 맞추어 학습하는 프로그램식 학습지입니다.

♕ 사고력·창의력을 키워 주는 수학 학습지입니다

다양한 사고 단계를 거쳐 문제 해결력을 높여 주며, 개념과 원리를 이해하도록 하여 수학적 사고력을 키워 줍니다. 또 수학적 사고를 바탕으로 스스로 생각하고 깨닫는 창의력을 키워 줍니다.

♕ 유아 과정은 물론 초등학교 수학의 전 영역을 골고루 학습합니다

운필력, 공간 지각력, 수 개념 등 유아 과정부터 시작하여, 초등학교 과정인 수와 연산, 도형 등 수학의 전 영역을 골고루 다루어, 자녀들의 수학적 사고의 폭을 넓히는 데 큰 도움을 줍니다.

♕ 학습 지도 가이드와 다양한 학습 성취도 평가 자료를 수록했습니다

매주, 매달, 매 단계마다 학습 목표에 따른 지도 내용과 지도 요점, 완벽한 해설을 제공하여 학부모님께서 쉽게 지도하실 수 있습니다. 창의력 문제와 수학 경시 대회 예상 문제를 단계별로 수록, 수학 실력을 완성시켜 줍니다.

♕ 과학적 학습 분량으로 공부하는 습관이 몸에 배입니다

하루 10~20분 정도의 과학적 학습량으로 공부에 싫증을 느끼지 않게 하고, 학습에 자신감을 가지도록 하였습니다. 매일 일정 시간 꾸준하게 공부하도록 하면, 시키지 않아도 공부하는 습관이 몸에 배게 됩니다.

What?

「기탄사고력수학」은
체계적이고 장기적인 프로그램으로
꾸준히 학습하면 반드시 성적으로 보답합니다

✿ 스몰 스텝(Small Step)방식으로 꾸준히 학습하면 성적이 올라갑니다

「기탄사고력수학」은 단순히 문제만 나열한 문제집이 아닙니다. 체계적이고 장기적인 학습프로그램을 통해 수학적 사고력과 창의력을 완성시켜 주는 스몰 스텝(Small Step)방식으로 꾸준히 학습하면 반드시 성적이 올라갑니다.

✿ 하루 3장, 10~20분씩 규칙적으로 학습하게 하세요

매일 일정 시간에 일정한 학습량을 꾸준히 재미있게 해야만 학습효과를 높일 수 있습니다. 주별로 분철하기 쉽게 제본되어 있으니, 교재를 구입하시면 먼저 분철하여 일주일 학습 분량만 자녀들에게 나누어 주세요. 그래야만 아이들이 학습 성취감과 자신감을 가질 수 있습니다.

✿ 자녀들의 수준에 알맞은 교재를 선택하세요

〈기탄사고력수학〉은 유아에서 초등학교 6학년까지, 나이와 학년에 관계없이 학습 난이도별로 자신의 능력에 맞는 단계를 선택하여 시작하는 능력별 교재입니다. 그러나 자녀의 수준보다 1~2단계 낮춘 교재부터 시작하면 학습에 더욱 자신감을 갖게 되어 효과적입니다.

교재 구분	교재 구성	대 상
A단계 교재	1, 2, 3, 4집	4세 ~ 5세 아동
B단계 교재	1, 2, 3, 4집	5세 ~ 6세 아동
C단계 교재	1, 2, 3, 4집	6세 ~ 7세 아동
D단계 교재	1, 2, 3, 4집	7세 ~ 초등학교 1학년
E단계 교재	1, 2, 3, 4, 5, 6집	초등학교 1학년
F단계 교재	1, 2, 3, 4, 5, 6집	초등학교 2학년
G단계 교재	1, 2, 3, 4, 5, 6집	초등학교 3학년
H단계 교재	1, 2, 3, 4, 5, 6집	초등학교 4학년
I단계 교재	1, 2, 3, 4, 5, 6집	초등학교 5학년
J단계 교재	1, 2, 3, 4, 5, 6집	초등학교 6학년

「기탄사고력수학」으로 수학 성적 올리는 일등비법을 공개합니다

✳ 문제를 먼저 풀어 주지 마세요

기탄사고력수학은 직관(전체 감지)을 논리(이론과 구체 연결)로 발전시켜 답을 구하도록 구성되었습니다. 쉽게 문제를 풀지 못하더라도 노력하는 과정에서 더 많은 것을 얻을 수 있으니, 약간의 힌트 외에는 자녀가 스스로 끝까지 문제를 풀어 나갈 수 있도록 격려해 주세요.

✳ 교재는 이렇게 활용하세요

먼저 자녀들의 능력에 맞는 교재를 선택하세요. 그리고 일주일 분량씩 분철하여 매일 3장씩 풀 수 있도록 해 주세요. 한꺼번에 많은 양의 교재를 주시면 어린이가 부담을 느껴서 학습을 미루거나 포기하기 쉽습니다. 적당한 양을 매일매일 학습하도록 하여 수학 공부하는 재미를 느낄 수 있도록 해 주세요.

✳ 교재 학습 과정을 꼭 지켜 주세요

한 주 학습이 끝날 때마다 창의력 문제와 경시 대회 예상 문제를 꼭 풀고 넘어가도록 해 주시고, 한 권(한 달 과정)이 끝나면 성취도 테스트와 종료 테스트를 통해 스스로 실력을 가늠해 볼 수 있도록 도와 주세요. 문제를 다 풀면 반드시 해답지를 이용하여 정확하게 채점해 주시고, 틀린 문제를 체크해 놓았다가 다음에는 확실히 풀 수 있도록 지도해 주세요.

✳ 자녀의 학습 관리를 게을리 하지 마세요

수학적 사고는 하루 아침에 생겨나는 것이 아닙니다. 날마다 꾸준히 규칙적으로 학습해 나갈 때에만 비로소 수학적 사고의 기틀이 마련되는 것입니다. 교육은 사랑입니다. 자녀가 학습한 부분을 어머니께서 꼭 확인하시면서 사랑으로 돌봐 주세요. 부모님의 관심 속에서 자란 아이들만이 성적 향상은 물론 이 사회에서 꼭 필요한 인격체로 성장해 나갈 수 있다는 것도 잊지 마세요.

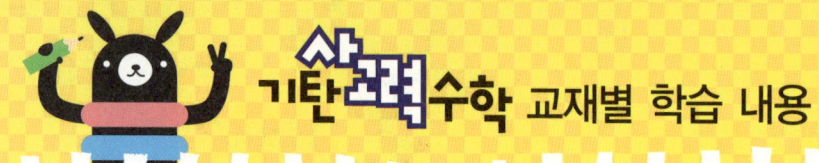

기탄교력수학 교재별 학습 내용

A 단계 교재

A - ❶ 교재

나와 가족에 대하여 알기
바른 행동 알기
다양한 선 그리기
다양한 사물 색칠하기
○△□ 알기
똑같은 것 찾기
빠진 것 찾기
종류가 같은 것과 다른 것 찾기
관찰력, 논리력, 사고력 키우기

A - ❷ 교재

필요한 물건 찾기
관계 있는 것 찾기
다양한 기준에 따라 분류하기
(종류, 용도, 모양, 색깔, 재질, 계절, 성질 등)
두 가지 기준에 따라 분류하기
다섯까지 세기
변별력 키우기
미로 통과하기

A - ❸ 교재

다양한 기준으로 비교하기
(길이, 높이, 양, 무게, 크기, 두께, 넓이, 속도, 깊이 등)
시간의 순서 비교하기
반대 개념 알기
3까지의 숫자 배우기
그림 퍼즐 맞추기
미로 통과하기

A - ❹ 교재

최상급 개념 알기
다양한 기준으로 순서 짓기 (크기, 시간, 길이, 두께 등)
네 가지 이상 비교하기
이중 서열 알기
ABAB, ABCABC의 규칙성 알기
다양한 규칙 이해하기
부분과 전체 알기
5까지의 숫자 배우기
일대일 대응, 일대다 대응 알기
미로 통과하기

B 단계 교재

B - ❶ 교재

열까지 세기
9까지의 숫자 배우기
사물의 기본 모양 알기
모양 구성하기
모양 나누기와 합치기
같은 모양, 짝이 되는 모양 찾기
위치 개념 알기 (위, 아래, 앞, 뒤)
위치 파악하기

B - ❷ 교재

9까지의 수량, 수 단어, 숫자 연결하기
구체물을 이용한 수 익히기
반구체물을 이용한 수 익히기
위치 개념 알기 (안, 밖, 왼쪽, 가운데, 오른쪽)
다양한 위치 개념 알기
시간 개념 알기 (낮, 밤)
구체물을 이용한 수와 양의 개념 알기
(같다, 많다, 적다)

B - ❸ 교재

순서대로 숫자 쓰기
거꾸로 숫자 쓰기
1 큰 수와 2 큰 수 알기
1 작은 수와 2 작은 수 알기
반구체물을 이용한 수와 양의 개념 알기
보존 개념 익히기
여러 가지 단위 배우기

B - ❹ 교재

순서수 알기
사물의 입체 모양 알기
입체 모양 나누기
두 수의 크기 비교하기
여러 수의 크기 비교하기
0의 개념 알기
0부터 9까지의 수 익히기

C

단계 교재

C - ❶ 교재	C - ❷ 교재
구체물을 통한 수 가르기 반구체물을 통한 수 가르기 숫자를 도입한 수 가르기 구체물을 통한 수 모으기 반구체물을 통한 수 모으기 숫자를 도입한 수 모으기	수 가르기와 모으기 여러 가지 방법으로 수 가르기 수 모으고 다시 수 가르기 수 가르고 다시 수 모으기 더해 보기 세로로 더해 보기 빼 보기 세로로 빼 보기 더해 보기와 빼 보기 바꾸어서 셈하기
C - ❸ 교재	**C - ❹ 교재**
길이 측정하기　　　높이 측정하기 넓이 측정하기　　　크기 측정하기 둘레 측정하기　　　무게 측정하기 부피 측정하기　　　들이 측정하기 활동 시간 알아보기　시간의 순서 알아보기 여러 가지 측정하기	열 개 열 개 만들어 보기 열 개 묶어 보기 자리 알아보기 수 '10' 알아보기 10의 크기 알아보기 더하여 10이 되는 수 알아보기 열다섯까지 세어 보기 스물까지 세어 보기

D

단계 교재

D - ❶ 교재	D - ❷ 교재
수 11~20 알기 11~20까지의 수 알기 30까지의 수 알아보기 자릿값을 이용하여 30까지의 수 나타내기 40까지의 수 알아보기 자릿값을 이용하여 40까지의 수 나타내기 자릿값을 이용하여 50까지의 수 나타내기 50까지의 수 알아보기	상자 모양, 공 모양, 둥근기둥 모양 알아보기 공간 위치 알아보기 입체도형으로 모양 만들기 여러 방향에서 본 모습 관찰하기 평면도형 알아보기 선대칭 모양 알아보기 모양 만들기와 탱그램
D - ❸ 교재	**D - ❹ 교재**
덧셈 이해하기 10이 되는 더하기 여러 가지로 더해 보기 덧셈 익히기 뺄셈 이해하기 10에서 빼기 여러 가지로 빼 보기 뺄셈 익히기	조사하여 기록하기 그래프의 이해 그래프의 활용 분수의 이해 시간 느끼기 사건의 순서 알기 소요 시간 알아보기 달력 보기 시계 보기 활동한 시간 알기

E 단계 교재

E - ❶ 교재	E - ❷ 교재	E - ❸ 교재
사물의 개수를 세어 보고 1, 2, 3, 4, 5 알아보기 0의 개념과 0~5까지의 수의 순서 알기 하나 더 많다, 적다의 개념 알기 두 수의 크기 비교하기 사물의 개수를 세어 보고 6, 7, 8, 9 알아보기 0~9까지의 수의 순서 알기 하나 더 많다, 적다의 개념 알기 두 수의 크기 비교하기 여러 가지 모양 알아보기, 찾아보기, 만들어 보기 규칙 찾기	두 수로 가르기 두 수를 모으기 가르기와 모으기 덧셈식 알아보기 뺄셈식 알아보기 길이 비교해 보기 높이 비교해 보기 들이 비교해 보기 무게 비교해 보기 넓이 비교해 보기	수 10(십) 알아보기 19까지의 수 알아보기 몇십과 몇십 몇 알아보기 물건의 수 세기 50까지 수의 순서 알아보기 두 수의 크기 비교하기 분류하기 분류하여 세어 보기
E - ❹ 교재	**E - ❺ 교재**	**E - ❻ 교재**
수 60, 70, 80, 90 99까지의 수 수의 순서 두 수의 크기 비교 여러 가지 모양 알아보기, 찾아보기 여러 가지 모양 만들기, 그리기 규칙 찾기 10을 두 수로 가르기 100이 되도록 두 수를 모으기	10이 되는 더하기 10에서 빼기 세 수의 덧셈과 뺄셈 (몇십)+(몇), (몇십 몇)+(몇), (몇십 몇)+(몇십 몇) (몇십 몇)−(몇), (몇십 몇)−(몇십 몇) 긴바늘, 짧은바늘 알아보기 몇 시 알아보기 몇 시 30분 알아보기	세 수의 덧셈 받아올림이 있는 (몇)+(몇) 받아내림이 있는 (십 몇)−(몇) 세 수의 계산 덧셈식, 뺄셈식 만들기 □가 있는 덧셈식, 뺄셈식 만들기 여러 가지 방법으로 해결하기

F 단계 교재

F - ❶ 교재	F - ❷ 교재	F - ❸ 교재
백(100)과 몇백(200, 300, ……)의 개념 이해 세 자리 수와 뛰어 세기의 이해 세 자리 수의 크기 비교 받아올림이 있는 (두 자리 수)+(한 자리 수)의 계산 받아내림이 있는 (두 자리 수)−(한 자리 수)의 계산 세 수의 덧셈과 뺄셈 선분과 직선의 차이 이해 사각형, 삼각형, 원 등의 여러 가지 모양 쌓기나무로 똑같이 쌓아 보고 여러 가지 모양 만들기 배열 순서에 따라 규칙 찾아내기	받아올림이 있는 (두 자리 수)+(두 자리 수)의 계산 받아내림이 있는 (두 자리 수)−(두 자리 수)의 계산 여러 가지 방법으로 계산하고 세 수의 혼합 계산 길이 비교와 단위길이의 비교 길이의 단위(cm) 알기 길이 재기와 길이 어림하기 어떤 수를 □로 나타내기 덧셈식·뺄셈식에서 □의 값 구하기 어떤 수를 구하는 식 만들기 식에 알맞은 문제 만들기	시각 읽기 시각과 시간의 차이 알기 하루의 시간 알기 달력을 보며 1년 알기 몇 시 몇 분 전 알기 반 시간 알기 묶어 세기 몇 배 알아보기 더하기를 곱하기로 나타내기 덧셈식과 곱셈식으로 나타내기
F - ❹ 교재	**F - ❺ 교재**	**F - ❻ 교재**
2~9의 단 곱셈구구 익히기 1의 단 곱셈구구와 0의 곱 곱셈표에서 규칙 찾기 받아올림이 없는 세 자리 수의 덧셈 받아내림이 없는 세 자리 수의 뺄셈 여러 가지 방법으로 계산하기 미터(m)와 센티미터(cm) 길이 재기 길이 어림하기 길이의 합과 차	받아올림이 있는 세 자리 수의 덧셈 받아내림이 있는 세 자리 수의 뺄셈 여러 가지 방법으로 덧셈·뺄셈하기 세 수의 혼합 계산 똑같이 나누기 전체와 부분의 크기 분수의 쓰기와 읽기 분수만큼 색칠하고 분수로 나타내기 표와 그래프로 나타내기 조사하여 표와 그래프로 나타내기	□가 있는 곱셈식을 만들어 문제 해결하기 규칙을 찾아 문제 해결하기 거꾸로 생각하여 문제 해결하기

단계 교재

G - ❶ 교재	G - ❷ 교재	G - ❸ 교재
1000의 개념 알기 몇천, 네 자리 수 알기 수의 자릿값 알기 뛰어 세기, 두 수의 크기 비교 세 자리 수의 덧셈 덧셈의 여러 가지 방법 세 자리 수의 뺄셈 뺄셈의 여러 가지 방법 각과 직각의 이해 직각삼각형, 직사각형, 정사각형의 이해	똑같이 묶어 덜어 내기와 똑같게 나누기 나눗셈의 몫 곱셈과 나눗셈의 관계 나눗셈의 몫을 구하는 방법 나눗셈의 세로 형식 곱셈을 활용하여 나눗셈의 몫 구하기 평면도형 밀기, 뒤집기, 돌리기 평면도형 뒤집고 돌리기 (몇십)×(몇)의 계산 (두 자리 수)×(한 자리 수)의 계산	분수만큼 알기와 분수로 나타내기 몇 개인지 알기 분수의 크기 비교 mm 단위를 알기와 mm 단위까지 길이 재기 km 단위를 알기 km, m, cm, mm의 단위가 있는 길이의 합과 차 구하기 시각과 시간의 개념 알기 1초의 개념 알기 시간의 합과 차 구하기
G - ❹ 교재	**G - ❺ 교재**	**G - ❻ 교재**
(네 자리 수)+(세 자리 수) (네 자리 수)+(네 자리 수) (네 자리 수)−(세 자리 수) (네 자리 수)−(네 자리 수) 세 수의 덧셈과 뺄셈 (세 자리 수)×(한 자리 수) (몇십)×(몇십) / (두 자리 수)×(몇십) (두 자리 수)×(두 자리 수) 원의 중심과 반지름 / 그리기 / 지름 / 성질	(몇십)÷(몇) 내림이 없는 (몇십 몇)÷(몇) 나눗셈의 몫과 나머지 나눗셈식의 검산 / (몇십 몇)÷(몇) 들이 / 들이의 단위 들이의 어림하기와 합과 차 무게 / 무게의 단위 무게의 어림하기와 합과 차 0.1 / 소수 알아보기 소수의 크기 비교하기	막대그래프 막대그래프 그리기 그림그래프 그림그래프 그리기 알맞은 그래프로 나타내기 규칙을 정해 무늬 꾸미기 규칙을 찾아 문제 해결 표를 만들어서 문제 해결 예상과 확인으로 문제 해결

단계 교재

H - ❶ 교재	H - ❷ 교재	H - ❸ 교재
만 / 다섯 자리 수 / 십만, 백만, 천만 억 / 조 / 큰 수 뛰어서 세기 두 수의 크기 비교 100, 1000, 10000, 몇백, 몇천의 곱 (세,네 자리 수)×(두 자리 수) 세 수의 곱셈 / 몇십으로 나누기 (두,세 자리 수)÷(두 자리 수) 각의 크기 / 각 그리기 / 각도의 합과 차 삼각형의 세 각의 크기의 합 사각형의 네 각의 크기의 합	이등변삼각형 / 이등변삼각형의 성질 정삼각형 / 예각과 둔각 예각삼각형 / 둔각삼각형 덧셈, 뺄셈 또는 곱셈, 나눗셈이 섞여 있는 혼합 계산 덧셈, 뺄셈, 곱셈, 나눗셈이 섞여 있는 혼합 계산 ( ), { }가 있는 혼합 계산 분수와 진분수 / 가분수와 대분수 대분수를 가분수로, 가분수를 대분수로 나타내기 분모가 같은 분수의 크기 비교	소수 소수 두 자리 수 소수 세 자리 수 소수 사이의 관계 소수의 크기 비교 규칙을 찾아 수로 나타내기 규칙을 찾아 글로 나타내기 새로운 무늬 만들기
H - ❹ 교재	**H - ❺ 교재**	**H - ❻ 교재**
분모가 같은 진분수의 덧셈 분모가 같은 대분수의 덧셈 분모가 같은 진분수의 뺄셈 분모가 같은 대분수의 뺄셈 분모가 같은 대분수와 진분수의 덧셈과 뺄셈 소수의 덧셈 / 소수의 뺄셈 수직과 수선 / 수선 긋기 평행선 / 평행선 긋기 평행선 사이의 거리	사다리꼴 / 평행사변형 / 마름모 직사각형과 정사각형의 성질 다각형과 정다각형 / 대각선 여러 가지 모양 만들기 여러 가지 모양으로 덮기 직사각형과 정사각형의 둘레 1cm² / 직사각형과 정사각형의 넓이 여러 가지 도형의 넓이 이상과 이하 / 초과와 미만 / 수의 범위 올림과 버림 / 반올림 / 어림의 활용	꺾은선그래프 꺾은선그래프 그리기 물결선을 사용한 꺾은선그래프 물결선을 사용한 꺾은선그래프 그리기 알맞은 그래프로 나타내기 꺾은선그래프의 활용 두 수 사이의 관계 두 수 사이의 관계를 식으로 나타내기 문제를 해결하고 풀이 과정을 설명하기

기탄초력수학 교재별 학습 내용

I 단계 교재

I - ❶ 교재	I - ❷ 교재	I - ❸ 교재
약수 / 배수 / 배수와 약수의 관계	세 분수의 덧셈과 뺄셈	평행사변형의 넓이
공약수와 최대공약수	(진분수)×(자연수) / (대분수)×(자연수)	삼각형의 넓이
공배수와 최소공배수	(자연수)×(진분수) / (자연수)×(대분수)	사다리꼴의 넓이
크기가 같은 분수 알기	(단위분수)×(단위분수)	마름모의 넓이
크기가 같은 분수 만들기	(진분수)×(진분수) / (대분수)×(대분수)	넓이의 단위 m², a
분수의 약분 / 분수의 통분	세 분수의 곱셈 / 합동인 도형의 성질	넓이의 단위 ha, km²
분수의 크기 비교 / 진분수의 덧셈	합동인 삼각형 그리기	넓이의 단위 관계
대분수의 덧셈 / 진분수의 뺄셈	면, 모서리, 꼭짓점	무게의 단위
대분수의 뺄셈 / 세 분수의 덧셈과 뺄셈	직육면체와 정육면체	
	직육면체의 성질 / 겨냥도 / 전개도	

I - ❹ 교재	I - ❺ 교재	I - ❻ 교재
분수와 소수의 관계	(소수)×(자연수) / (자연수)×(소수)	두 수의 크기 비교
분수를 소수로, 소수를 분수로 나타내기	곱의 소수점의 위치	비율
분수와 소수의 크기 비교	(소수)×(소수)	백분율
1÷(자연수)를 곱셈으로 나타내기	소수의 곱셈	할푼리
(자연수)÷(자연수)를 곱셈으로 나타내기	(소수)÷(자연수)	실제로 해 보기와 표 만들기
(진분수)÷(자연수) / (가분수)÷(자연수)	(자연수)÷(자연수)	그림 그리기와 식 만들기
(대분수)÷(자연수)	줄기와 잎 그림	예상하고 확인하기와 표 만들기
분수와 자연수의 혼합 계산	그림그래프	실제로 해 보기와 규칙 찾기
선대칭도형/선대칭의 위치에 있는 도형	평균	
점대칭도형/점대칭의 위치에 있는 도형	자료를 그래프로 나타내고 설명하기	

J 단계 교재

J - ❶ 교재	J - ❷ 교재	J - ❸ 교재
(자연수)÷(단위분수)	쌓기나무의 개수	비례식
분모가 같은 진분수끼리의 나눗셈	쌓기나무의 각 자리, 각 층별로 나누어	비의 성질
분모가 다른 진분수끼리의 나눗셈	개수 구하기	가장 작은 자연수의 비로 나타내기
(자연수)÷(진분수) / 대분수의 나눗셈	규칙 찾기	비례식의 성질
분수의 나눗셈 활용하기	쌓기나무로 만든 것, 여러 가지 입체도형,	비례식의 활용
소수의 나눗셈 / (자연수)÷(소수)	여러 가지 생활 속 건축물의 위, 앞, 옆	연비
소수의 나눗셈에서 나머지	에서 본 모양	두 비의 관계를 연비로 나타내기
반올림한 몫	원주와 원주율 / 원의 넓이	연비의 성질
입체도형과 각기둥 / 각뿔	띠그래프 알기 / 띠그래프 그리기	비례배분
각기둥의 전개도 / 각뿔의 전개도	원그래프 알기 / 원그래프 그리기	연비로 비례배분

J - ❹ 교재	J - ❺ 교재	J - ❻ 교재
(소수)÷(분수) / (분수)÷(소수)	원기둥의 겉넓이	두 수 사이의 대응 관계 / 정비례
분수와 소수의 혼합 계산	원기둥의 부피	정비례를 활용하여 생활 문제 해결하기
원기둥 / 원기둥의 전개도	경우의 수	반비례
원뿔	순서가 있는 경우의 수	반비례를 활용하여 생활 문제 해결하기
회전체 / 회전체의 단면	여러 가지 경우의 수	그림을 그리거나 식을 세워 문제 해결하기
직육면체와 정육면체의 겉넓이	확률	거꾸로 생각하거나 식을 세워 문제 해결하기
부피의 비교 / 부피의 단위	미지수를 x로 나타내기	표를 작성하거나 예상과 확인을 통하여
직육면체와 정육면체의 부피	등식 알기 / 방정식 알기	문제 해결하기
부피의 큰 단위	등식의 성질을 이용하여 방정식 풀기	여러 가지 방법으로 문제 해결하기
부피와 들이 사이의 관계	방정식의 활용	새로운 문제를 만들어 풀어 보기

사고력도 탄탄! 창의력도 탄탄!

H3

H121a ~ H135b

 학습 관리표

학습 내용		이번 주는?	
소수	· 소수 · 소수 두 자리 수 · 소수 세 자리 수 · 소수 사이의 관계 · 소수의 크기 비교 · 창의력 학습 · 경시대회 예상문제	• 학습 방법 : ① 매일매일　② 가끔　③ 한꺼번에 　하였습니다. • 학습 태도 : ① 스스로 잘　② 시켜서 억지로 　하였습니다. • 학습 흥미 : ① 재미있게　② 싫증내며 　하였습니다. • 교재 내용 : ① 적합하다고　② 어렵다고　③ 쉽다고 　하였습니다.	
지도 교사가 부모님께		부모님이 지도 교사께	
평가	Ⓐ 아주 잘함	Ⓑ 잘함　　Ⓒ 보통	Ⓓ 부족함

원(교)　　　　　반　　이름　　　　　전화

기초부터 탄탄하게
기탄교육
www.gitan.co.kr / (02)586-1007(대)

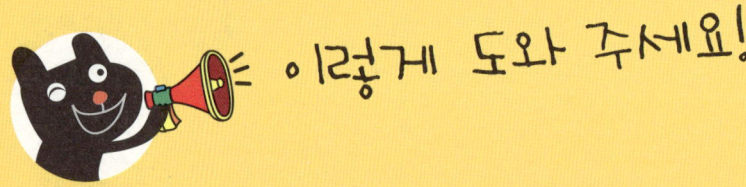

이렇게 도와 주세요!

● 학습 목표

- 소수 두 자리 수와 세 자리 수를 이해하고 읽고 쓸 수 있습니다.
- 소수의 자릿값과 숫자로 소수를 나타낼 수 있습니다.
- 소수를 이용하여 측정값을 서로 환산할 수 있습니다.
- 분수를 소수로, 소수를 분수로 나타낼 수 있습니다.
- 소수의 관계를 알 수 있습니다.
- 소수의 크기를 알고 크기를 비교할 수 있습니다.

● 지도 내용

- 1cm를 m로 나타내어 보게 함으로써 $\frac{1}{100}$ 이 0.01과 크기가 같음을 알고 자릿값을 알게 합니다.
- 소수 두 자리 수를 알게 합니다.
- $\frac{1}{1000}$ 이 0.001과 크기가 같음을 알고 자릿값을 알게 합니다.
- 소수 세 자리 수를 알게 합니다.
- 소수 사이의 관계를 알게 하고, 오른쪽 끝자리 숫자가 0인 소수는 끝자리의 0을 생략할 수 있음을 알게 합니다.
- 소수의 크기를 비교해 보게 합니다.

● 지도 요점

전에 학습한 소수의 개념을 바탕으로 소수 두 자리 수, 소수 세 자리 수를 이해하게 하고 이들 소수를 바르게 읽고 쓸 수 있도록 합니다. 단위 소수 사이의 관계, 소수의 크기 비교 등도 학습하도록 합니다.

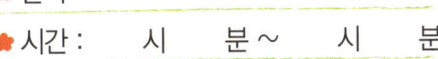

★ 이름 :

★ 날짜 :

★ 시간 :　　시　　분 ~ 　　시　　분

확인

◆ **소수** ◆

> 분수 $\dfrac{1}{100}$ 을 소수로 **0.01**이라 쓰고 **영점 영일**이라고 읽습니다.

1 모눈종이의 전체 크기를 1이라고 할 때, ☐ 안에 알맞은 수나 말을 써넣으시오.

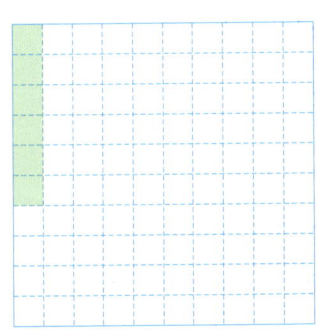

색칠한 부분을 분수로 나타내면 $\dfrac{\boxed{}}{\boxed{}}$ 입니다.

이 분수를 소수로 나타내면 ☐ 이고

☐ 이라고 읽습니다.

🐸 모눈종이의 전체 크기를 1이라고 할 때, 색칠한 부분을 소수로 나타내어 보시오.

[2~3]

2

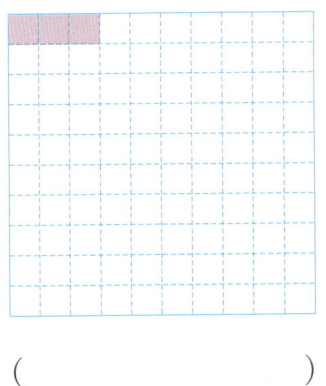

(　　　　　　　)

3

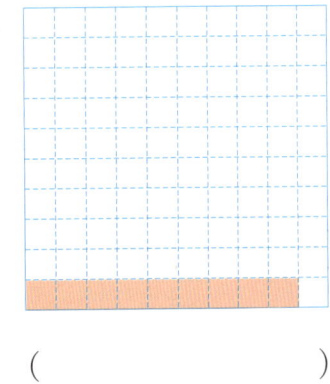

(　　　　　　　)

사고력 학습

4 분수를 소수로 나타내고 읽어 보시오.

$\dfrac{5}{100}$ 를 소수로 나타내면 ☐ 이고 ☐ 라고 읽습니다.

$\dfrac{7}{100}$ 을 소수로 나타내면 ☐ 이고 ☐ 이라고 읽습니다.

$\dfrac{8}{100}$ 을 소수로 나타내면 ☐ 이고 ☐ 이라고 읽습니다.

5 ☐ 안에 알맞은 소수를 써넣으시오.

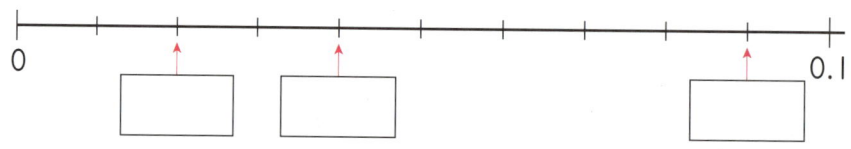

6 ☐ 안에 알맞은 수를 써넣으시오.

$\dfrac{4}{100}$ 는 $\dfrac{1}{100}$ 이 ☐ 개이고 0.04는 0.01이 ☐ 개입니다.

$\dfrac{6}{100}$ 은 $\dfrac{1}{100}$ 이 ☐ 개이고 0.06은 0.01이 ☐ 개입니다.

$\dfrac{7}{100}$ 은 $\dfrac{1}{100}$ 이 ☐ 개이고 0.07은 0.01이 ☐ 개입니다.

★ 이름 :

★ 날짜 :

★ 시간 :　　시　　분 ~ 　시　　분

확인

◆ 소수 두 자리 수(1) ◆

- 분수 $\frac{34}{100}$ 를 소수로 0.34라 쓰고 영점 삼사라고 읽습니다.

- 1.56에서

　1은 일의 자리 숫자이고 1을 나타냅니다.

　5는 영점 일의 자리 숫자이고 0.5를 나타냅니다.

　6은 영점 영일의 자리 숫자이고 0.06을 나타냅니다.

🐸 모눈종이의 전체 크기를 1이라고 할 때, ☐ 안에 알맞은 수나 말을 써넣으시오.

[1~2]

1 색칠한 부분을 분수로 나타내면 $\dfrac{\boxed{}}{\boxed{}}$ 입니다.

이 분수를 소수로 나타내면 ☐이고

☐라고 읽습니다.

2 색칠한 부분을 분수로 나타내면 $\dfrac{\boxed{}}{\boxed{}}$ 입니다.

이 분수를 소수로 나타내면 ☐이고

☐라고 읽습니다.

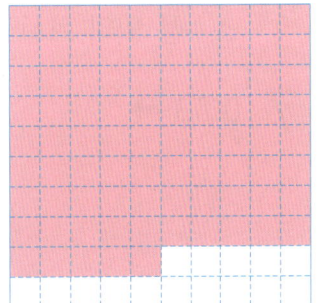

🐸 모눈종이의 전체 크기를 1이라고 할 때, 색칠한 부분을 소수로 나타내어 보시오.
[3~4]

3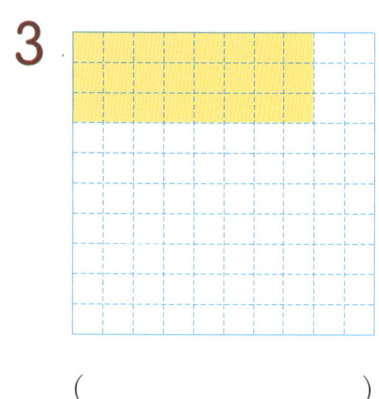

(   )

4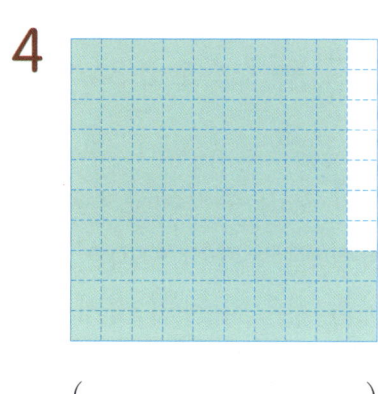

(   )

🐸 분수를 소수로 나타내시오. [5~6]

5 $\dfrac{28}{100}$ ➡ _____

6 $\dfrac{416}{100}$ ➡ _____

🐸 소수를 읽어 보시오. [7~8]

7 0.83 ➡ _____

8 2.79 ➡ _____

● 이름 :

● 날짜 :

● 시간 :　　시　　분 ~ 　　시　　분

확인

◆ **소수 두 자리 수(2)** ◆

🐸 □ 안에 알맞은 소수를 써넣으시오. [1~2]

1

0　　　　　　　0.1　　　　　　　0.2

2

0.3　　　　　　0.4　　　　　　0.5

🐸 □ 안에 알맞은 수를 써넣으시오. [3~5]

3 $\frac{28}{100}$은 $\frac{1}{100}$이 □ 개이고 0.28은 0.01이 □ 개입니다.

4 $\frac{54}{100}$는 $\frac{1}{100}$이 □ 개이고 0.54는 0.01이 □ 개입니다.

5 $\frac{219}{100}$는 $\frac{1}{100}$이 □ 개이고 2.19는 0.01이 □ 개입니다.

🐸 ☐ 안에 알맞은 소수를 써넣으시오. [6~9]

6 0.1이 5개, 0.01이 7개인 수는 ☐ 입니다.

7 1이 4개, 0.1이 8개, 0.01이 6개인 수는 ☐ 입니다.

8 1이 9개, 0.01이 9개인 수는 ☐ 입니다.

9 1이 12개, 0.1이 3개, 0.01이 9개인 수는 ☐ 입니다.

🐸 소수로 나타내시오. [10~12]

10 0.01이 63개인 수 ➡ _____

11 0.01이 287개인 수 ➡ _____

12 0.01이 508개인 수 ➡ _____

 사고력 학습

★ 이름 :

★ 날짜 :

★ 시간 :　시　분～　시　분

확인

◆ 소수 두 자리 수(3) ◆

🐸 　□ 안에 알맞은 수를 써넣으시오. [1~4]

1

17.38은

- 10이 □ 개
- 1이 □ 개
- 0.1이 □ 개
- 0.01이 □ 개

2

33.29는

- 10이 □ 개
- 1이 □ 개
- 0.1이 □ 개
- 0.01이 □ 개

3

54.86은

- 10이 □ 개
- 1이 □ 개
- 0.1이 □ 개
- 0.01이 □ 개

4

125.06은

- 100이 □ 개
- 10이 □ 개
- 1이 □ 개
- 0.01이 □ 개

5 다음 소수에서 영점 일의 자리 숫자를 찾아 쓰시오.

6.49

[답]

사고력 학습

6 다음 소수에서 숫자 **8**이 나타내는 수가 얼마인지 쓰시오.

> 9.28

[답] _____

7 영점 일의 자리 숫자가 가장 큰 수는 어느 것입니까? (   )

① 0.56   ② 1.27   ③ 5.42
④ 2.81   ⑤ 7.64

□ 안에 알맞은 소수를 써넣으시오. [8~9]

8 491cm = ☐ m

9 68cm = ☐ m

★ 이름 :

★ 날짜 :

★ 시간 :　　시　　분～　　시　　분

확인

◆ **소수 세 자리 수(1)** ◆

- 분수 $\dfrac{1}{1000}$ 을 소수로 0.001이라 쓰고 영점 영영일이라고 읽습니다.

- 분수 $\dfrac{475}{1000}$ 를 소수로 0.475라 쓰고 영점 사칠오라고 읽습니다.

- 2.186에서

  2는 일의 자리 숫자이고 2를 나타냅니다.

  1은 영점 일의 자리 숫자이고 0.1을 나타냅니다.

  8은 영점 영일의 자리 숫자이고 0.08을 나타냅니다.

  6은 영점 영영일의 자리 숫자이고 0.006을 나타냅니다.

1 분수를 소수로 나타내고 소수를 읽어 보시오.

분수	소수	
	쓰기	읽기
$\dfrac{6}{1000}$	0.006	
$\dfrac{49}{1000}$		영점 영사구
$\dfrac{253}{1000}$		
$\dfrac{1472}{1000}$		

2 수직선을 보고 ☐ 안에 알맞은 수를 써넣으시오.

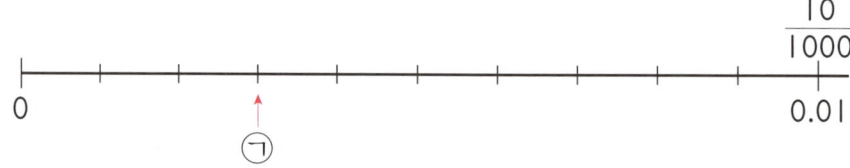

수직선에서 작은 눈금 한 칸의 크기는 $\dfrac{1}{\boxed{}} = \boxed{}$ 이고 수직선에

서 ㉠이 가리키는 수는 분수로 $\boxed{}$, 소수로 $\boxed{}$ 입니다.

☐ 안에 알맞은 소수를 써넣으시오. [3~5]

3

0.05   0.06

4

0.84   0.85

5

4.21   4.22

★ 이름 :
★ 날짜 :
★ 시간 :   시   분 ~   시   분

확인

◆ 소수 세 자리 수(2) ◆

 다음 소수를 읽어 보시오. [1~4]

1 0.007 ➡ _____

2 0.063 ➡ _____

3 0.328 ➡ _____

4 6.195 ➡ _____

□ 안에 알맞은 수를 써넣으시오. [5~7]

5 $\dfrac{58}{1000}$ 은 $\dfrac{1}{1000}$ 이 ☐ 개이고 0.058은 0.001이 ☐ 개입니다.

6 $\dfrac{927}{1000}$ 은 $\dfrac{1}{1000}$ 이 ☐ 개이고 0.927은 0.001이 ☐ 개입니다.

7 $\dfrac{2164}{1000}$ 는 $\dfrac{1}{1000}$ 이 ☐ 개이고 2.164는 0.001이 ☐ 개입니다.

8 분수를 소수로 고친 것입니다. 틀린 것을 찾아 기호를 쓰시오.

$$ ㉠ \frac{138}{1000} = 0.138 \qquad ㉡ \frac{9}{1000} = 0.009 $$

$$ ㉢ \frac{24}{1000} = 0.24 \qquad ㉣ \frac{2748}{1000} = 2.748 $$

[답] _____

□ 안에 알맞은 수를 써넣으시오. [9~10]

9 0.001이 508개인 수는 [ ] 입니다.

10 0.001이 4712개인 수는 [ ] 입니다.

□ 안에 알맞은 수를 써넣으시오. [11~12]

11

6.825는
- 1이 [ ] 개
- 0.1이 [ ] 개
- 0.01이 [ ] 개
- 0.001이 [ ] 개

12

3.592는
- 1이 [ ] 개
- 0.1이 [ ] 개
- 0.01이 [ ] 개
- 0.001이 [ ] 개

★ 이름 :

★ 날짜 :

★ 시간 :　시　분 ~　시　분

확인

◆ 소수 세 자리 수(3) ◆

😀 소수를 보고 영점 영영일의 자리 숫자를 찾아 쓰시오. [1~2]

1　　0.972

　　　　　　　　[답]

2　　12.186

　　　　　　　　[답]

3　다음 소수에서 숫자 4가 나타내는 수가 얼마인지 쓰시오.

　　　　　　7.349

　　　　　　　　[답]

4　보기 와 같이 나타내시오.

보기

$24.517 = 20 + 4 + 0.5 + 0.01 + 0.007$

8.276 =

59.185 =

🐸 소수로 나타내어 보시오. [5~6]

5 1이 48개, 0.1이 7개, 0.001이 26개인 수는 [ ]입니다.

6 10이 3개, 1이 5개, $\frac{1}{100}$이 8개, $\frac{1}{1000}$이 7개인 수는 [ ]입니다.

🐸 ☐ 안에 알맞은 소수를 써넣으시오. [7~9]

7 62m = [ ] km

8 947m = [ ] km

9 8614m = [ ] km

10 다음 소수 중 영점 영일의 자리 숫자가 7인 수를 찾아 기호를 쓰시오.

> ㉠ $\frac{715}{1000}$
>
> ㉡ 1이 4개, 0.1이 5개, 0.01이 9개, 0.001이 7개인 수
>
> ㉢ 0.001이 74개인 수

[답] _____

사고력 학습

★ 이름 :

★ 날짜 :

★ 시간 :   시   분 ~   시   분

확인

◆ **소수 사이의 관계(1)** ◆

1 빈칸에 알맞은 수를 써넣으시오.

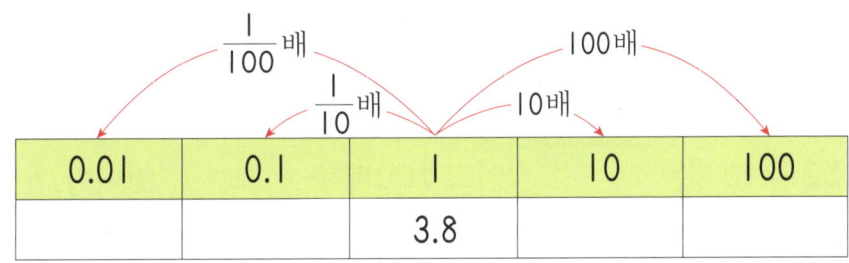

0.01	0.1	1	10	100
		3.8		

2 빈칸에 알맞은 수를 써넣으시오.

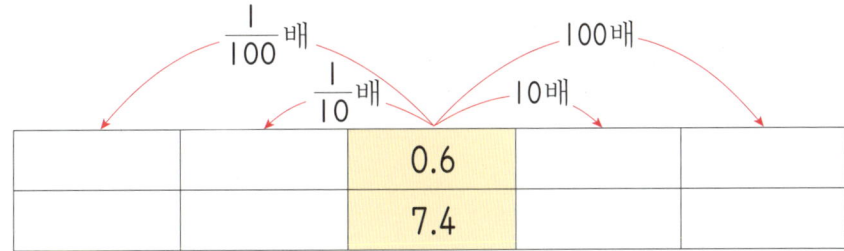

		0.6		
		7.4		

🐸 □ 안에 알맞은 소수를 써넣으시오. [3~4]

3 4의 $\frac{1}{10}$ 배는 [   ]이고 $\frac{1}{100}$ 배는 [   ]입니다.

4 2.9의 $\frac{1}{10}$ 배는 [   ]이고 $\frac{1}{100}$ 배는 [   ]입니다.

🐸 □ 안에 알맞은 수를 써넣으시오. [5~6]

5 0.7의 10배는 [　] 이고 100배는 [　] 입니다.

6 1.952의 10배는 [　] 이고 100배는 [　] 입니다.

🐸 빈칸에 알맞은 수를 써넣으시오. [7~9]

7

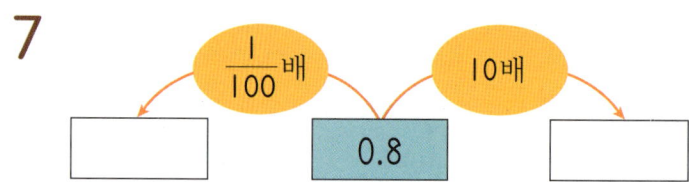

8

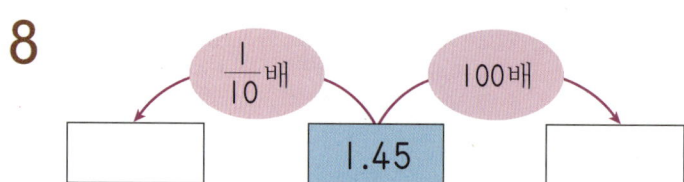

9

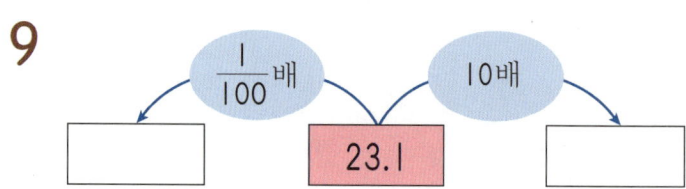

● 이름 :

● 날짜 :

● 시간 : 시 분 ~ 시 분

확인

◆ **소수 사이의 관계(2)** ◆

1 소수에서 생략할 수 있는 0을 찾아 보기 와 같이 나타내시오.

보기

0.7~~0~~   2.05~~0~~

0.046	10.208	1.50
8.002	0.340	24.063

2 다음 중 생략할 수 있는 0이 있는 소수는 어느 것입니까? (   )

① 9.705   ② 10.43   ③ 0.224

④ 8.450   ⑤ 1.092

🐸 □ 안에 알맞은 수를 써넣으시오. [3~4]

3 8은 0.008의 □ 배입니다.

4 3.5는 0.035의 □ 배입니다.

😊 □ 안에 알맞은 수를 써넣으시오. [5~7]

5 0.5는 5의 $\dfrac{1}{\boxed{}}$ 배입니다.

6 1.27은 127의 $\dfrac{1}{\boxed{}}$ 배입니다.

7 0.106은 106의 $\dfrac{1}{\boxed{}}$ 배입니다.

8 ㉠이 나타내는 수는 ㉡이 나타내는 수의 몇 배입니까?

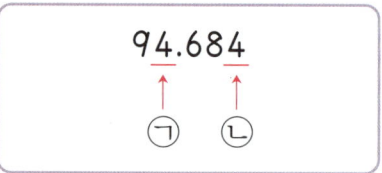

[답]

9 어떤 수의 $\dfrac{1}{10}$ 배는 0.072입니다. 어떤 수는 얼마입니까?

[답]

★ 이름 :

★ 날짜 :

★ 시간 :　시　분～　시　분

확인

◆ **소수의 크기 비교(1)** ◆

1 그림을 보고 두 수의 크기를 비교하여 ○ 안에 >, <를 알맞게 써넣으시오.

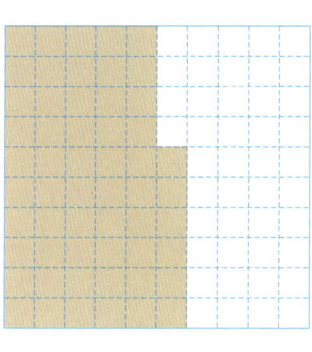 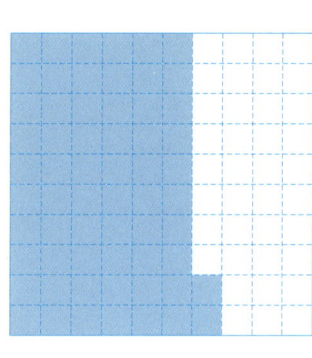

0.56 ◯ 0.62

2 모눈종이의 전체 크기를 I이라고 할 때, 모눈종이에 소수 0.33과 0.28만큼 색칠하고 두 수의 크기를 비교하여 ○ 안에 >, <를 알맞게 써넣으시오.

0.33 ◯ 0.28

H-130b

두 소수의 크기를 비교하여 ○ 안에 >, < 를 알맞게 써넣으시오. [3~14]

3 4.05 ◯ 3.94

4 7.14 ◯ 8.33

5 2.75 ◯ 2.98

6 1.694 ◯ 1.407

7 0.13 ◯ 0.08

8 0.427 ◯ 0.424

9 0.8 ◯ 0.76

10 0.82 ◯ 0.9

11 0.276 ◯ 0.28

12 0.92 ◯ 0.923

13 1.045 ◯ 1.1

14 3.316 ◯ 3.309

사고력 학습

● 이름 :

● 날짜 :

● 시간 :   시   분 ~   시   분

확인

◆ **소수의 크기 비교(2)** ◆

1 수직선에 **2.254**와 **2.261**을 각각 화살표(↑)로 나타내고 크기를 비교하여 ◯ 안에 ＞, ＜를 알맞게 써넣으시오.

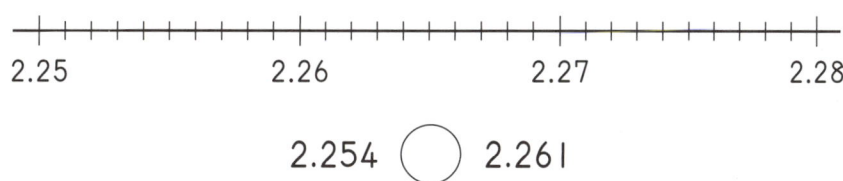

2.254 ◯ 2.261

🐸 소수를 수직선에 화살표(↑)로 나타내고 작은 수부터 차례로 쓰시오. [2~3]

2   3.94   4.05   3.88

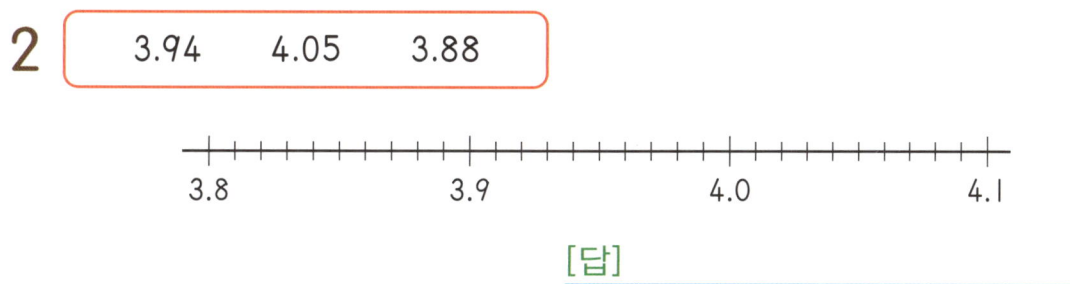

[답]

3   5.003   5.012   4.998

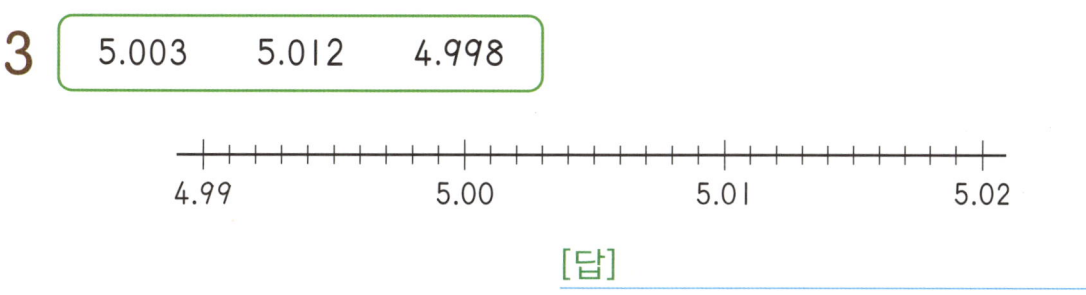

[답]

4 크기가 작은 소수부터 차례로 쓰시오.

> 0.102   0.12   0.091

[답] _____

5 크기가 큰 소수부터 차례로 쓰시오.

> 4.03   4.007   4.2   0.48

[답] _____

6 크기를 비교하여 더 큰 수의 기호를 쓰시오.

> ㉠ 382의 $\frac{1}{100}$배
>
> ㉡ 0.347의 10배

[답] _____

★이름 :
★날짜 :
★시간 :   시   분 ~   시   분

확인

◆ **소수의 크기 비교(3)** ◆

1 은주가 가진 테이프의 길이는 4.917m이고 정혜가 가진 테이프의 길이는 4.825m입니다. 누구의 테이프가 더 깁니까?

[답]

2 석류네 집에서 공원까지의 거리는 2.108km, 약수터까지의 거리는 2.09km입니다. 석류네 집에서 더 가까운 곳은 공원과 약수터 중 어느 곳입니까?

[답]

3 지헌이는 하루에 1.25L의 우유를 마시고 은설이는 하루에 1.5L, 나윤이는 하루에 1.18L의 우유를 마십니다. 하루에 우유를 가장 많이 마시는 사람은 누구입니까?

[답]

4 현진이네 집에서 친구네 집까지의 거리를 나타낸 것입니다. 가장 먼 곳에 사는 친구부터 차례로 이름을 쓰시오.

> 정웅 : 1.055km　　희원 : 0.97km
>
> 지훈 : 1.1km　　　미선 : 0.905km

[답]

5 승제와 민성이 중에서 더 큰 소수를 만든 사람은 누구입니까?

승제	십의 자리 숫자가 6, 일의 자리 숫자가 9, 영점 일의 자리 숫자가 4, 영점 영일의 자리 숫자가 8인 수
민성	십의 자리 숫자가 6, 일의 자리 숫자가 9, 영점 일의 자리 숫자가 4, 영점 영영일의 자리 숫자가 8인 수

[답]

6 0부터 9까지의 숫자 중에서 □ 안에 들어갈 수 있는 숫자를 모두 구하시오.

> 42.5□8 < 42.542

[답]

H-133a

★ 이름 :

★ 날짜 :

★ 시간 :　시　분~　시　분

확인

🔵 창의력 학습

정수는 똑같은 크기의 배 10개와 사과 10개의 무게를 각각 재었습니다. 배 10개의 무게는 3855g, 사과 10개의 무게는 3050g이었습니다. 배 1개와 사과 1개의 무게는 각각 몇 g입니까?

[배]

[사과]

생략할 수 있는 0을 가지고 있는 동물을 찾아 이름을 쓰시오.

[답] _____

♣ 이름 :

♣ 날짜 :

♣ 시간 : 시 분 ~ 시 분

확인

➕ 경시대회 예상문제

1 □ 안에 들어갈 수 있는 자연수는 모두 몇 개입니까?

$$0.75 < \frac{\square}{100} < 1$$

[답]

2 6장의 카드를 한 번씩 모두 사용하여 만들 수 있는 가장 작은 소수 세 자리 수를 구하시오.

| 8 | 3 | 5 | 0 | 7 | . |

[답]

3 준하네 집에서 공원을 지나 도서관까지의 거리는 몇 km입니까?

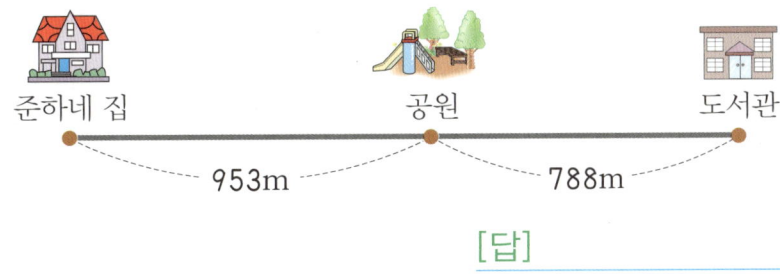

준하네 집   공원   도서관

953m   788m

[답]

4 빈 곳에 알맞은 수를 써넣으시오.

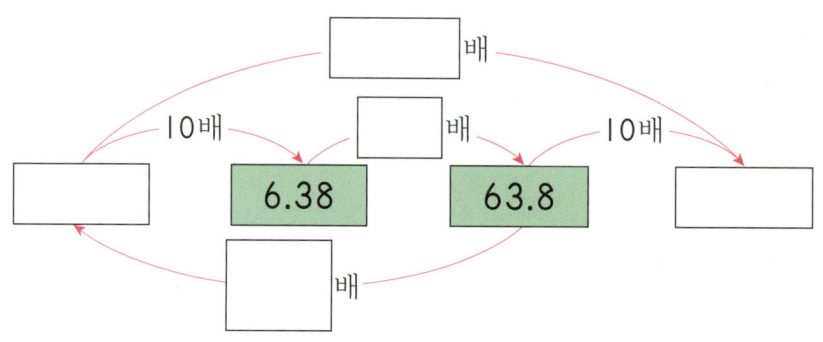

서술형·논술형

5 1이 32개, 0.1이 48개인 수를 몇 배 하였더니 0.368이 되었습니다. 몇 배를 한 것인지 풀이 과정을 쓰고 답을 구하시오.

[답]

6 진주는 1이 12개, 0.1이 9개, 0.01이 6개인 수를 생각하였고 경철이는 진주가 생각한 수의 $\frac{1}{10}$배인 수를 생각하였습니다. 경철이가 생각한 수는 얼마입니까?

[답]

 경시대회 예상문제

7 어떤 수의 10배가 8430이면 어떤 수의 $\dfrac{1}{1000}$ 배는 얼마입니까?

[답]

8 서정이와 현상이는 함께 밤을 땄습니다. 서정이는 32.8kg을 땄고 현상이는 3197g의 10배만큼을 땄습니다. 누가 밤을 더 많이 땄습니까?

[답]

서술형·논술형

9 성욱이와 친구들이 1분 동안 달린 거리를 나타낸 것입니다. 가장 긴 거리를 달린 사람은 누구인지 풀이 과정을 쓰고 답을 구하시오.

성욱 : 375m	수정 : 0.352km
경민 : 0.39km	미송 : 349m

[답]

10 일의 자리 숫자가 **7**, 영점 일의 자리 숫자가 **4**, 영점 영영일의 자리 숫자가 **5** 인 소수 세 자리 수 중에서 가장 큰 수를 구하시오.

[답]

11 **2.7**과 **2.9** 사이에 있는 수를 모두 찾아 쓰시오.

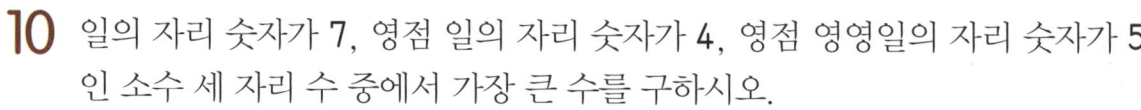

| 2.35 | 2.724 | 2.861 | 2.912 | 2.64 | 2.7 |

[답]

12 작은 수부터 차례로 쓴 것입니다. □ 안에 알맞은 숫자를 구하여 차례로 쓰시오.

48.1□8 < 48.10□ < 4□.005

[답]

H3

..🐙 H136a ~ H150b

 학습 관리표

학습 내용		이번 주는?
규칙 찾기	· 규칙을 찾아 수로 나타내기 · 규칙을 찾아 글로 나타내기 · 새로운 무늬 만들기 · 창의력 학습 · 경시대회 예상문제	• 학습 방법 : ① 매일매일 ② 가끔 ③ 한꺼번에 　　　　　하였습니다. • 학습 태도 : ① 스스로 잘 ② 시켜서 억지로 　　　　　하였습니다. • 학습 흥미 : ① 재미있게 ② 싫증내며 　　　　　하였습니다. • 교재 내용 : ① 적합하다고 ② 어렵다고 ③ 쉽다고 　　　　　하였습니다.
지도 교사가 부모님께		부모님이 지도 교사께
평가	Ⓐ 아주 잘함　　　Ⓑ 잘함　　　Ⓒ 보통　　　Ⓓ 부족함	

원(교)　　　　　반　　이름　　　　　전화

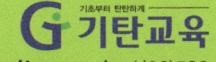

기초부터 탄탄하게
기탄교육
www.gitan.co.kr / (02)586-1007(대)

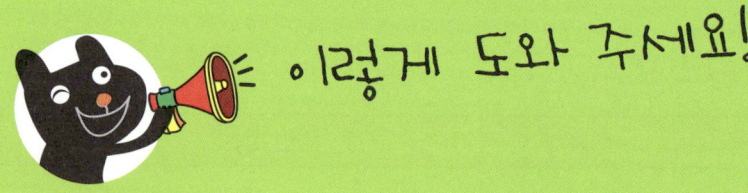

이렇게 도와 주세요!

● **학습 목표**
- 규칙을 찾아 수로 나타낼 수 있습니다.
- 규칙을 찾아 말이나 글로 나타낼 수 있습니다.
- 주어진 모양을 사용하여 밀기, 뒤집기, 돌리기 방법으로 새로운 무늬를 만들 수 있습니다.
- 밀기, 뒤집기, 돌리기 방법으로 만든 무늬의 규칙을 찾아 설명할 수 있습니다.

● **지도 내용**
- 늘어놓은 쌓기나무나 바둑돌 등의 물건을 보고 수로 나타내고 규칙을 찾게 합니다.
- 찾은 규칙을 말이나 글로 나타내게 합니다.
- 숫자 카드를 이용하여 규칙 알아맞히기 놀이를 하게 합니다.
- 주어진 모양을 이용하여 만든 새로운 무늬를 보고 어떤 방법으로 만들었는지 알아보게 합니다.
- 밀기, 뒤집기, 돌리기 방법으로 만든 무늬의 규칙을 찾게 합니다.

● **지도 요점**
규칙 찾기 놀이를 통하여 규칙을 추측하고, 말이나 글로 표현하는 활동을 통하여 규칙성을 표현하는 능력을 기를 수 있습니다. 이번에 학습하는 내용은 나중에 학습하게 될 규칙과 대응, 여러 가지 방법으로 문제를 해결하기 등의 기초가 되므로 결손 부분이 생기지 않도록 잘 지도합니다.

★ 이름 :

★ 날짜 :

★ 시간 :   시   분 ~   시   분

확인

◆ 규칙을 찾아 수로 나타내기(1) ◆

쌓기나무를 놓아 보고 규칙을 찾아 수로 나타내려고 합니다. 물음에 답하시오.

[1~4]

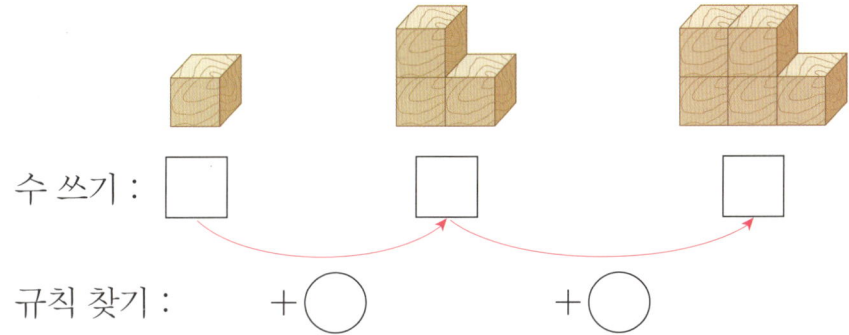

수 쓰기 : □   □   □

규칙 찾기 :   + ◯   + ◯

1 쌓기나무의 개수를 세어 □ 안에 써넣으시오.

2 쌓기나무의 개수의 규칙을 ◯ 안에 써넣으시오.

3 4째 번에는 쌓기나무를 몇 개 놓아야 합니까?

[답]

4 5째 번에는 쌓기나무를 몇 개 놓아야 합니까?

[답]

🐸 바둑돌을 놓아 보고 규칙을 찾아 수로 나타내려고 합니다. 물음에 답하시오. [5~8]

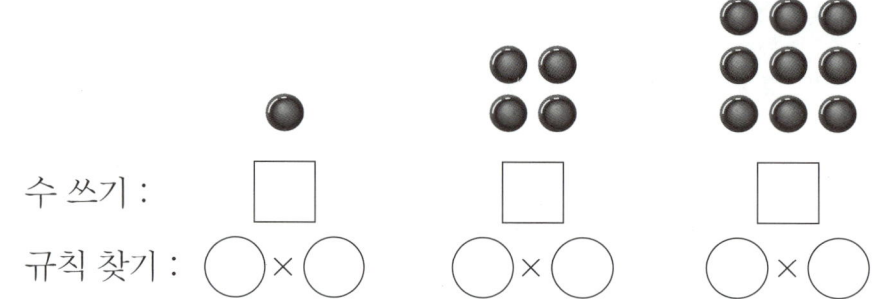

수 쓰기 : ☐　　　☐　　　☐

규칙 찾기 : ○ × ○　　○ × ○　　○ × ○

5 바둑돌의 개수를 세어 ☐ 안에 써넣으시오.

6 바둑돌의 개수의 규칙을 ○ 안에 써넣으시오.

7 4째 번에는 바둑돌을 몇 개 놓아야 합니까?

[답]

8 5째 번에는 바둑돌을 몇 개 놓아야 합니까?

[답]

★ 이름 :

★ 날짜 :

★ 시간 :　　시　　분 ~　　시　　분

확인

◆ 규칙을 찾아 수로 나타내기(2) ◆

규칙대로 늘어놓은 야구공을 보고 물음에 답하시오. [1~4]

1 첫째 번에서 둘째 번으로 변할 때 야구공은 몇 개 많아졌습니까?

[답]

2 둘째 번에서 셋째 번으로 변할 때 야구공은 몇 개 많아졌습니까?

[답]

3 야구공을 어떤 규칙으로 놓았는지 수로 나타내어 보시오.

1　　　3　　　6　　　10

+□　　+□　　+□

4 5째 번에 놓을 야구공의 수를 써 보시오.

[답]

🐸 규칙대로 늘어놓은 성냥개비를 보고 물음에 답하시오. [5~8]

5 사각형을 1개 만드는 데 필요한 성냥개비는 몇 개입니까?

[답]

6 사각형을 2개 만드는 데 필요한 성냥개비는 몇 개입니까?

[답]

7 사각형이 1개씩 많아질 때마다 성냥개비는 몇 개씩 많아집니까?

[답]

8 사각형을 7개 만드는 데 필요한 성냥개비는 모두 몇 개입니까?

[답]

 사고력 학습

✿ 이름 :

✿ 날짜 :

✿ 시간 :　시　분～　시　분

확인

◆ 규칙을 찾아 수로 나타내기(3) ◆

1 그림과 같이 구슬이 놓여 있습니다. 빈 곳에 알맞은 수를 써넣으시오.

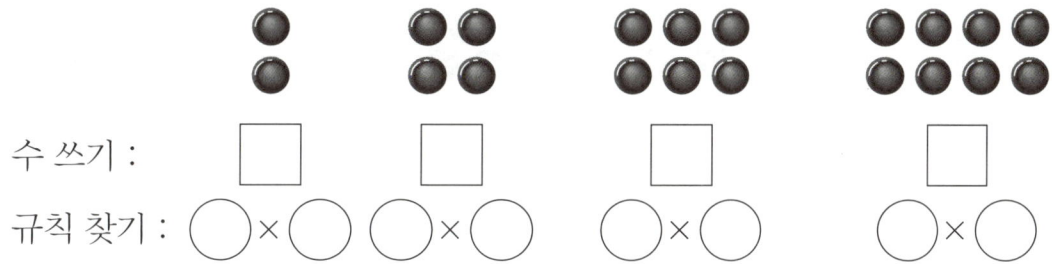

수 쓰기 : □　　□　　□　　□

규칙 찾기 : ○×○　○×○　○×○　○×○

2 그림과 같이 쌓기나무가 놓여 있습니다. 빈 곳에 알맞은 수를 써넣으시오.

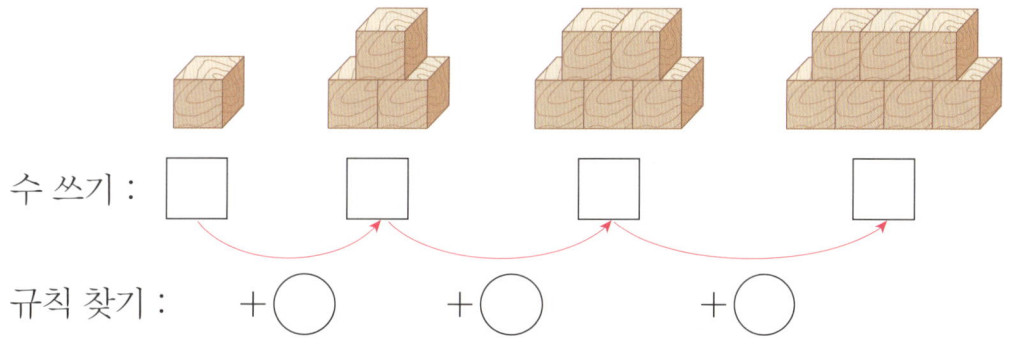

수 쓰기 : □　□　□　□

규칙 찾기 : ＋○　＋○　＋○

3 그림과 같이 야구공이 놓여 있습니다. 빈 곳에 알맞은 수를 써넣으시오.

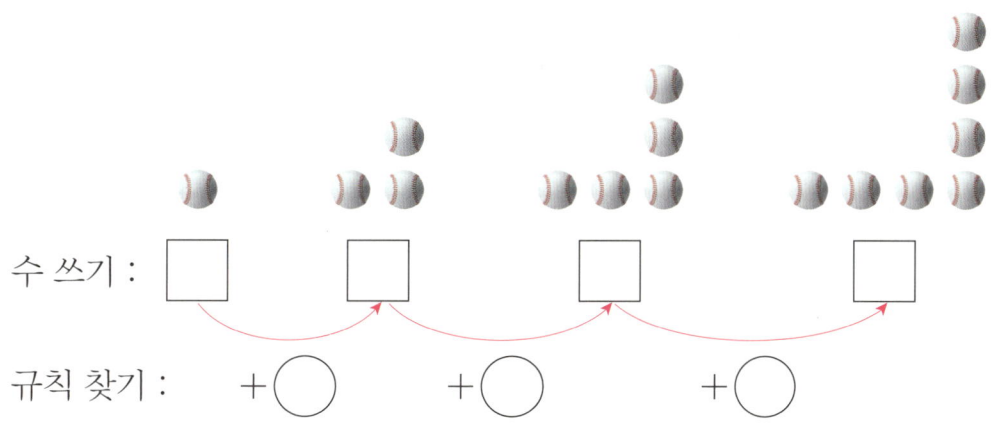

수 쓰기 : □　□　□　□

규칙 찾기 : ＋○　＋○　＋○

4 그림과 같이 바둑돌이 놓여 있습니다. 물음에 답하시오.

(1) 바둑돌이 놓인 규칙을 수로 나타내어 보시오.

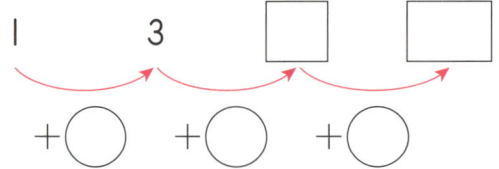

(2) 6째 번에는 바둑돌을 몇 개 놓아야 합니까?

[답]

5 그림과 같이 사과가 놓여 있습니다. 물음에 답하시오.

(1) 사과가 놓인 규칙을 수로 나타내어 보시오.

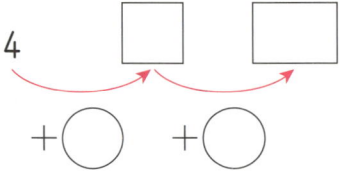

(2) 8째 번에는 사과를 몇 개 놓아야 합니까?

[답]

사고력 학습

🌸 이름 :

🌸 날짜 :

🌸 시간 : 시 분 ~ 시 분

확인

◆ **규칙을 찾아 수로 나타내기(4)** ◆

🐸 그림을 보고 규칙을 찾아 수로 나타내어 보시오. [1~3]

1

１   3   ☐   ☐

+◯   +◯   +◯

2

１   5   ☐   ☐

+◯   +◯   +◯

3

......

삼각형의 수 :   １개   2개   3개   4개

성냥개비 수 :   3   5   ☐   ☐   ......

+◯   +◯   +◯   ......

4 그림과 같이 바둑돌을 늘어놓을 때, 7째 번에는 바둑돌을 몇 개 놓아야 합니까?

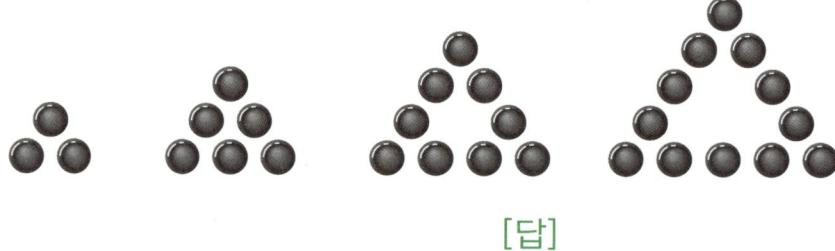

[답]

5 그림과 같이 쌓기나무를 놓을 때, 6째 번에는 쌓기나무를 몇 개 놓아야 합니까?

[답]

6 그림과 같이 사과를 놓을 때, 10째 번에는 사과를 몇 개 놓아야 합니까?

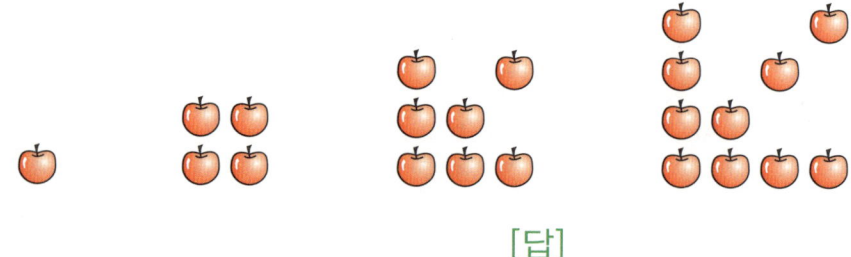

[답]

◆ 규칙을 찾아 글로 나타내기(1) ◆

🐸 그림과 같이 야구공을 늘어놓았습니다. 물음에 답하시오. [1~4]

1 첫째 번에서 둘째 번으로 변할 때 야구공은 몇 개 많아졌습니까?

[답]

2 둘째 번에서 셋째 번으로 변할 때 야구공은 몇 개 많아졌습니까?

[답]

3 셋째 번에서 넷째 번으로 변할 때 야구공은 몇 개 많아졌습니까?

[답]

4 야구공을 놓은 규칙을 글로 나타낸 것입니다. ☐ 안에 알맞은 수를 써넣으시오.

[규칙] 야구공이 ☐ 개, ☐ 개, ☐ 개씩 많아지는 규칙입니다.

사고력 학습

🐸 사랑이와 민규가 규칙 알아맞히기 놀이를 하고 있습니다. 사랑이가 2라고 하면 민규가 5라고 답합니다. 사랑이가 5라고 하면 민규가 8이라고 답합니다. 또 사랑이가 10이라고 하면 민규는 13이라고 답합니다. 다음 물음에 답하시오. [5~7]

5 사랑이가 말한 수와 민규가 답한 수는 얼마씩 차이가 납니까?

[답]

6 민규의 규칙은 무엇입니까?

[규칙]

7 사랑이가 18이라고 하면 민규는 어떤 수로 답하겠습니까?

[답]

 사고력 학습

이름 :

날짜 :

시간 : 시 분 ~ 시 분

확인

◆ 규칙을 찾아 글로 나타내기(2) ◆

🐸 규칙대로 놓은 바둑돌을 보고 물음에 답하시오. [1~3]

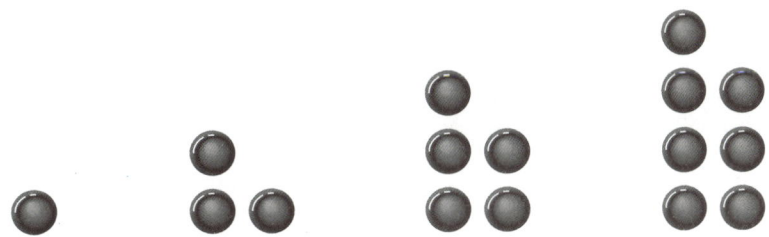

1 바둑돌은 몇 개씩 많아지고 있습니까?

[답]

2 바둑돌을 놓은 규칙을 글로 써 보시오.

[규칙]

3 6째 번에 놓을 바둑돌의 개수를 써 보시오.

[답]

사고력 학습

🐸 규칙대로 놓은 쌓기나무를 보고 물음에 답하시오. [4~6]

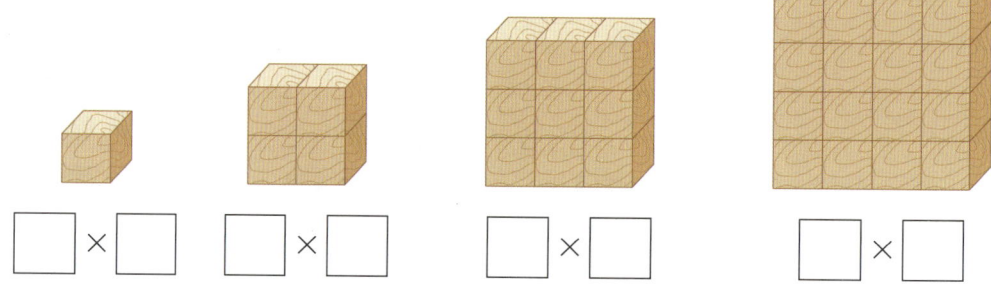

☐ × ☐ ☐ × ☐ ☐ × ☐ ☐ × ☐

4 ☐ 안에 알맞은 수를 써넣으시오.

5 쌓기나무를 놓은 규칙을 글로 써 보시오.

　　[규칙]

6 8째 번에 놓을 쌓기나무의 수를 써 보시오.

　　　　　　　　[답]

 사고력 학습

★ 이름 :

★ 날짜 :

★ 시간 :　　시　분～　시　분

확인

◆ **규칙을 찾아 글로 나타내기(3)** ◆

1 경훈이와 주성이가 규칙 알아맞히기 놀이를 하고 있습니다. 물음에 답하시오.

> 경훈이가 1이라고 하면 주성이는 5라고 답합니다. 경훈이가 2라고 하면 주성이는 10이라고 답합니다. 또 경훈이가 4라고 하면 주성이는 20이라고 답합니다.

(1) 주성이의 규칙은 무엇입니까?

[규칙] _____

(2) 경훈이가 6이라고 하면 주성이는 어떤 수로 답하겠습니까?

[답] _____

2 성현이와 영진이가 규칙 알아맞히기 놀이를 하고 있습니다. 영진이의 규칙은 무엇입니까?

> 성현이가 3이라고 하면 영진이는 5라고 답합니다. 성현이가 6이라고 하면 영진이는 8이라고 답합니다. 또 성현이가 9라고 하면 영진이는 11이라고 답합니다.

[규칙] _____

사고력 학습

3 그림과 같이 성냥개비를 벌집 모양으로 놓았습니다. 물음에 답하시오.

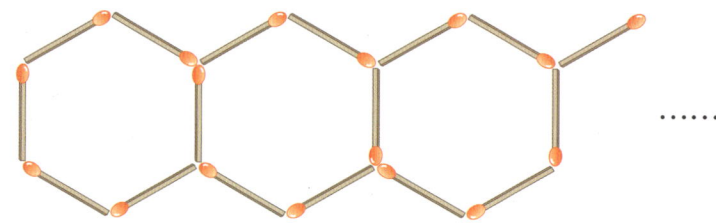

(1) 성냥개비를 놓은 규칙을 글로 써 보시오.

[규칙]

(2) 벌집 모양 **8**개를 만드는 데 필요한 성냥개비는 몇 개입니까?

[답]

4 그림과 같이 성냥개비를 사각형 모양으로 늘어놓았습니다. 물음에 답하시오.

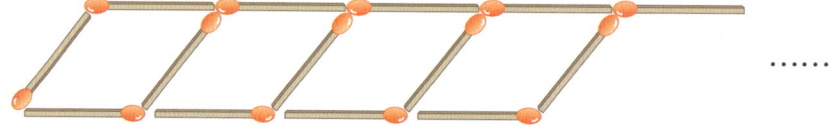

(1) 성냥개비를 놓은 규칙을 글로 써 보시오.

[규칙]

(2) 사각형 모양 **12**개를 만드는 데 필요한 성냥개비는 몇 개입니까?

[답]

 사고력 학습

★ 이름 :

★ 날짜 :

★ 시간 :   시   분 ~   시   분

◆ **규칙을 찾아 글로 나타내기(4)** ◆

1 규칙대로 놓은 쌓기나무를 보고 물음에 답하시오.

 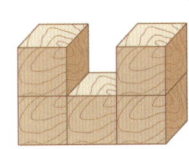 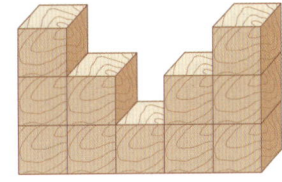

(1) 쌓기나무를 놓은 규칙을 글로 써 보시오.

　　[규칙] _____

(2) 5째 번에 놓을 쌓기나무의 개수는 몇 개입니까?

　　　　　　　　　　[답] _____

2 규칙대로 놓은 구슬을 보고 물음에 답하시오.

(1) 구슬을 놓은 규칙을 글로 써 보시오.

　　[규칙] _____

(2) 20째 번에 놓을 구슬의 개수는 몇 개입니까?

　　　　　　　　　　[답] _____

3 유진이와 길선이가 규칙 알아맞히기 놀이를 하고 있습니다. 유진이가 2라고 하면 길선이는 1이라고 답합니다. 유진이가 6이라고 하면 길선이는 3이라고 답합니다. 또 유진이가 10이라고 하면 길선이는 5라고 답합니다. 물음에 답하시오.

(1) 길선이의 규칙은 무엇입니까?

[규칙] _____

(2) 길선이가 20이라고 답했다면 유진이는 어떤 수를 말했겠습니까?

[답] _____

4 그림과 같이 성냥개비로 정삼각형을 만들어 늘어놓았습니다. 물음에 답하시오.

 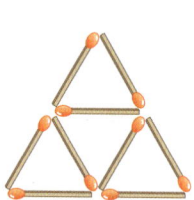 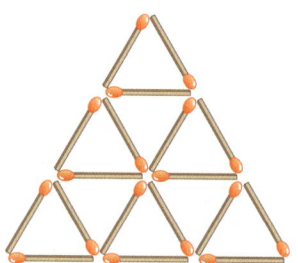

(1) 성냥개비를 놓은 규칙을 글로 써 보시오.

[규칙] _____

(2) 4째 번 모양을 만드는 데 필요한 성냥개비는 몇 개입니까?

[답] _____

★ 이름 :

★ 날짜 :

★ 시간 :　시　분 ~　시　분

확인

◆ 새로운 무늬 만들기(1) ◆

1 주어진 모양을 왼쪽과 오른쪽으로 밀었을 때의 모양을 각각 그려 보시오.

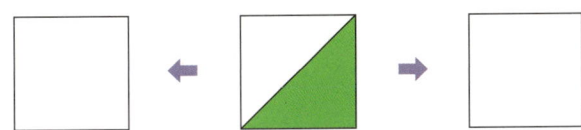

2 주어진 모양을 여러 방향으로 뒤집었을 때의 모양을 각각 그려 보시오.

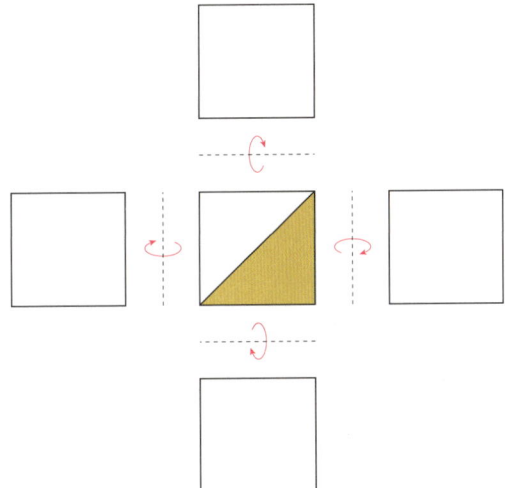

3 주어진 모양을 다음과 같이 돌렸을 때의 모양을 각각 그려 보시오.

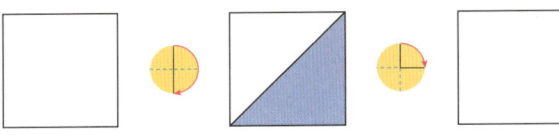

사고력 학습

4 다음 모양을 밀었을 때 생기는 모양은 어느 것인지 기호를 쓰시오.

[답]

5 주어진 모양을 뒤집어서 만들 수 있는 무늬인 것을 찾아 ○표 하시오.

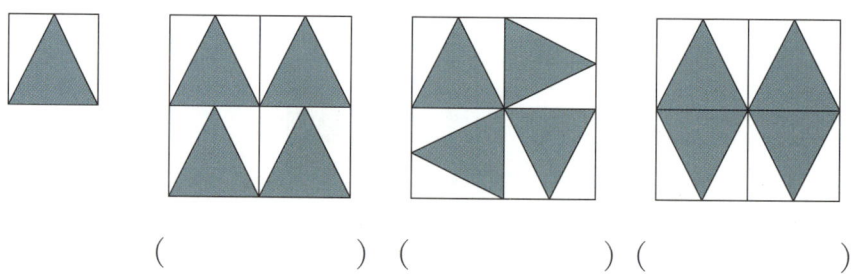

(   ) (   ) (   )

6 주어진 모양을 돌리기를 이용하여 무늬를 만들 때 나올 수 있는 모양이 아닌 것은 어느 것입니까? (   )

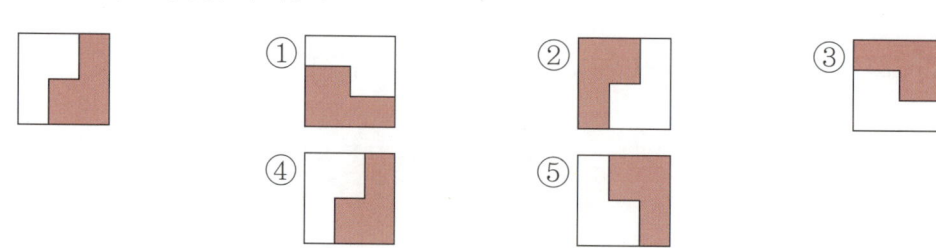

사고력 학습

◆ **새로운 무늬 만들기(2)** ◆

1 주어진 모양을 밀기 방법을 이용하여 다음 무늬를 완성해 보시오.

 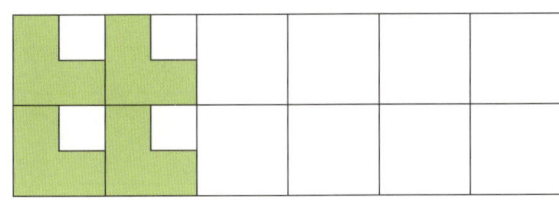

2 주어진 모양을 여러 방향으로 뒤집어 가며 이어 붙여서 다음 무늬를 완성해 보시오.

 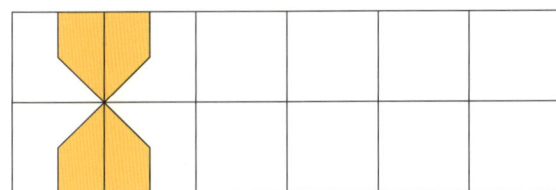

3 주어진 모양을 여러 방향으로 돌려 가며 이어 붙여서 다음 무늬를 완성해 보시오.

 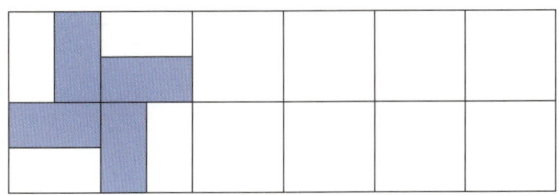

왼쪽 모양을 이용하여 오른쪽과 같이 새로운 무늬를 만들었습니다. 밀기, 뒤집기, 돌리기 중에서 어떤 방법을 이용하여 만들었는지 알아보시오. [4~6]

4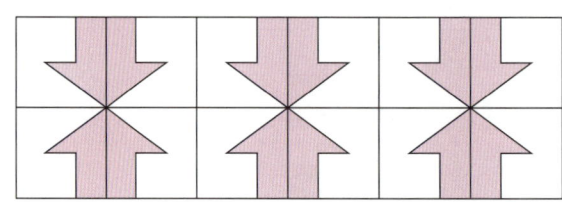

[답] _____

5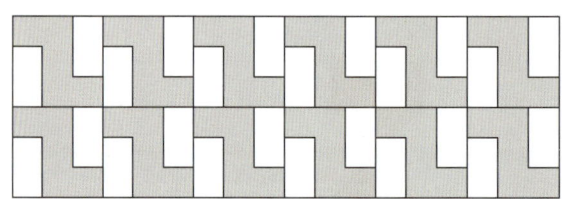

[답] _____

6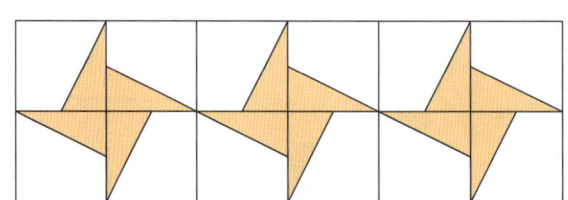

[답] _____

H-146a

◆ 이름 :
◆ 날짜 :
◆ 시간 : 시 분 ~ 시 분

확인

◆ **새로운 무늬 만들기(3)** ◆

1 오른쪽 무늬는 어떤 모양을 밀어 가며 이어 붙여서 만든 것인지 빈 곳에 그려 보시오.

2 오른쪽 무늬는 어떤 모양을 뒤집어 가며 이어 붙여서 만든 것인지 빈 곳에 그려 보시오.

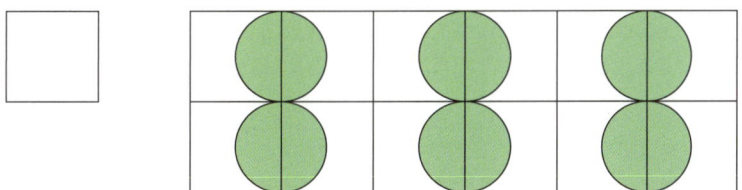

3 오른쪽 무늬는 어떤 모양을 돌려 가며 이어 붙여서 만든 것인지 빈 곳에 그려 보시오.

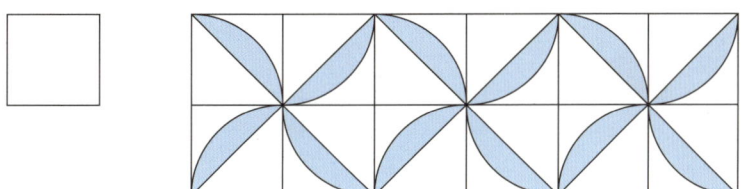

사고력 학습

4 주어진 모양을 밀기 방법을 이용하여 새로운 무늬를 만들어 보시오.

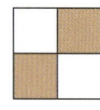 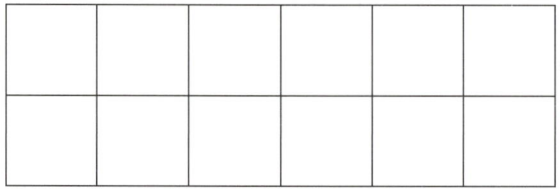

5 주어진 모양을 오른쪽, 왼쪽, 아래쪽, 위쪽으로 뒤집어 가며 이어 붙여서 새로운 무늬를 만들어 보시오.

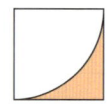 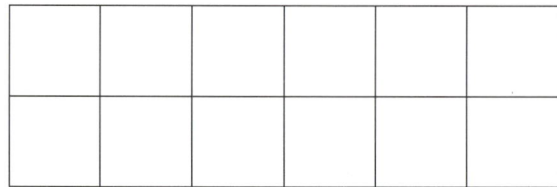

6 주어진 모양을 여러 방향으로 돌려 가며 이어 붙여서 새로운 무늬를 만들어 보시오.

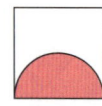 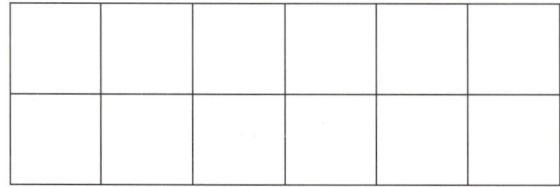

★ 이름 :

★ 날짜 :

★ 시간 :   시   분 ~   시   분

확인

◆ **새로운 무늬 만들기(4)** ◆

🐸 주어진 모양을 이용하여 다음과 같이 새로운 무늬를 만들었습니다. 밀기, 뒤집기, 돌리기 중에서 어떤 방법을 이용하여 만들었는지 알아보시오. [1~3]

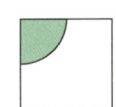

1

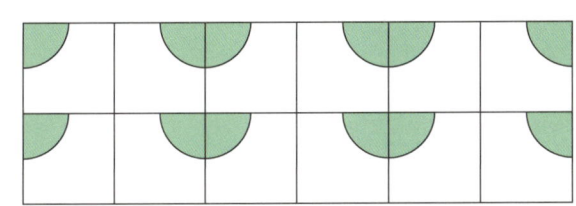

[답] _____

2

[답] _____

3

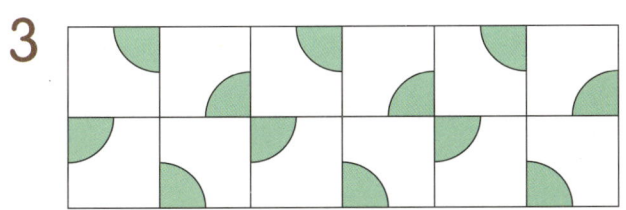

[답] _____

🐸 주어진 모양을 밀기, 뒤집기, 돌리기의 방법을 이용하여 새로운 무늬를 만들어 보시오. [4~6]

4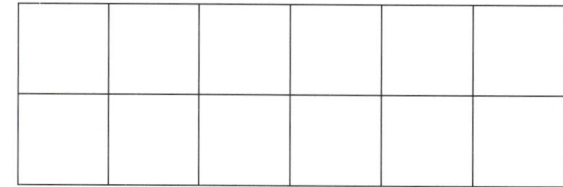

5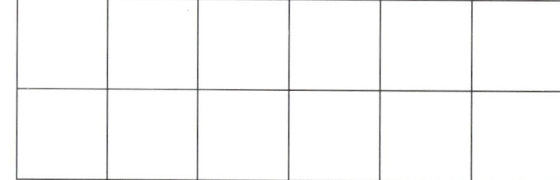

6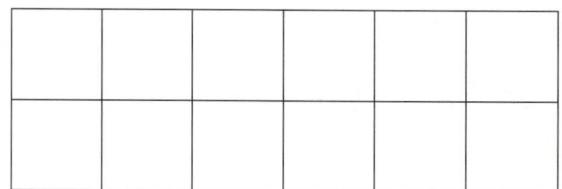

★ 이름 :

★ 날짜 :

★ 시간 :　　시　분~　시　분

확인

 ## 창의력 학습

그림과 같이 성냥개비로 삼각형을 만들었습니다. 성냥개비 21개로 만들 수 있는 삼각형의 수를 구하시오.

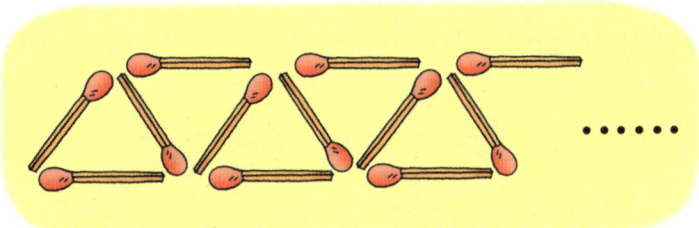

[답]

아버지와 정숙이는 바둑돌을 놓으며 규칙 만들기 놀이를 했습니다. 아버지께서는 삼각형 모양의 삼각 수와 사각형 모양의 사각 수가 있다고 하시면서 정숙이에게 그 규칙을 찾아보라고 하셨습니다. 규칙을 찾아 삼각 수와 사각 수에서 10째 번에 놓이게 되는 바둑돌의 개수를 각각 구하시오.

〈삼각 수〉

〈사각 수〉

[답]

★ 이름 :

★ 날짜 :

★ 시간 :　　시　　분 ～　　시　　분

확인

➕ 경시대회 예상문제

1 수를 규칙적으로 늘어놓았습니다. □ 안에 알맞은 수를 써넣으시오.

| 4 | 10 | 16 | □ | 28 | □ | 40 |

 서술형·논술형

2 다음 그림과 같이 쌓기나무를 놓을 때, 8째 번에는 쌓기나무를 몇 개 놓아야 하는지 풀이 과정을 쓰고 답을 구하시오.

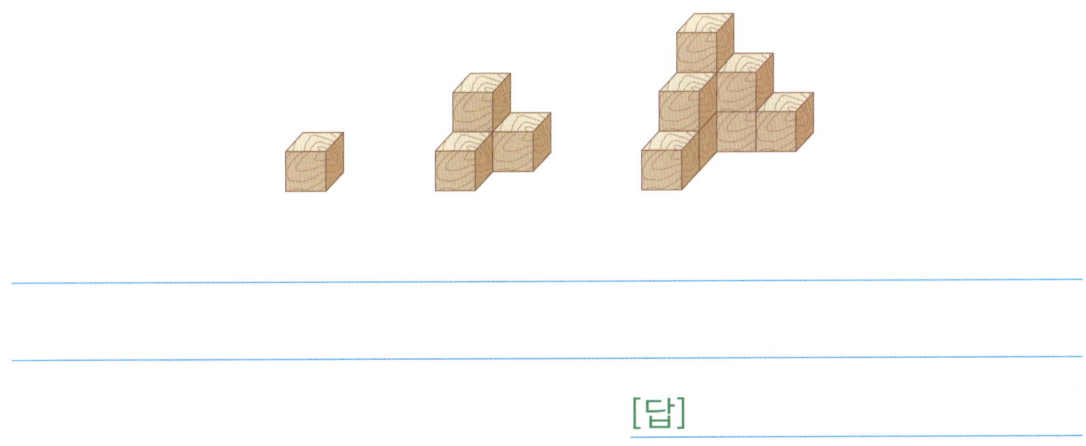

[답]

3 그림과 같이 성냥개비로 정사각형을 만들었습니다. 성냥개비 31개로 만들 수 있는 정사각형의 수를 구하시오.

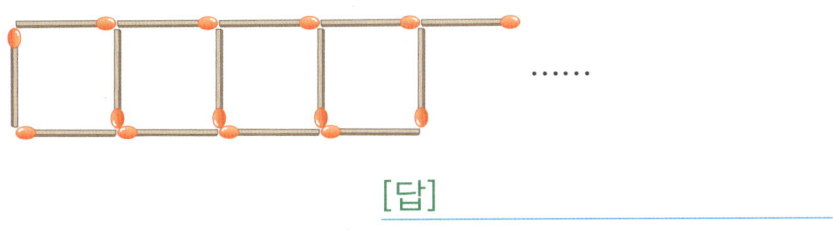

......

[답]

서술형·논술형

4 규칙대로 바둑돌이 놓여 있습니다. 바둑돌을 놓은 규칙을 찾아 **50**째 번에 놓을 바둑돌은 무슨 색인지 알아보려고 합니다. 풀이 과정을 쓰고 답을 구하시오.

[답]

5 그림과 같이 구슬을 늘어놓을 때 **6**째 번에 놓일 빨간 구슬과 파란 구슬의 개수의 차를 구하시오.

[답]

6 덩달이와 덩순이가 규칙 알아맞히기 놀이를 하고 있습니다. 덩달이가 **3**이라고 하면 덩순이는 **1**이라고 답합니다. 덩달이가 **6**이라고 하면 덩순이는 **2**라고 답합니다. 또 덩달이가 **12**라고 하면 덩순이는 **4**라고 답합니다. 덩순이가 **8**이라고 답했다면 덩달이가 말한 수는 무엇이겠습니까?

[답]

7 하경이와 선우가 쌓기나무를 규칙에 따라 쌓고 있습니다. 8째 번 모양에는 누가 쌓기나무를 몇 개 더 많이 사용하게 됩니까?

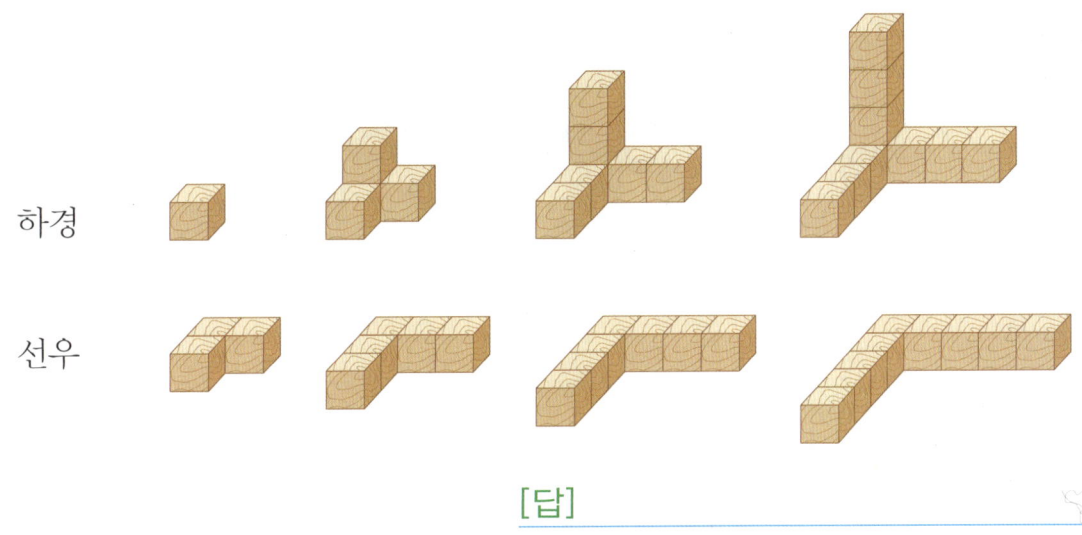

하경

선우

[답] _____

8 주어진 모양을 밀기, 뒤집기, 돌리기의 방법을 이용하여 새로운 무늬를 만들어 보시오.

9 왼쪽의 모양을 밀기, 뒤집기, 돌리기의 방법을 이용하여 오른쪽과 같은 무늬를 만들었습니다. 왼쪽에 어떤 모양이 있었는지 색칠하고, 움직인 방법을 설명하여 보시오.

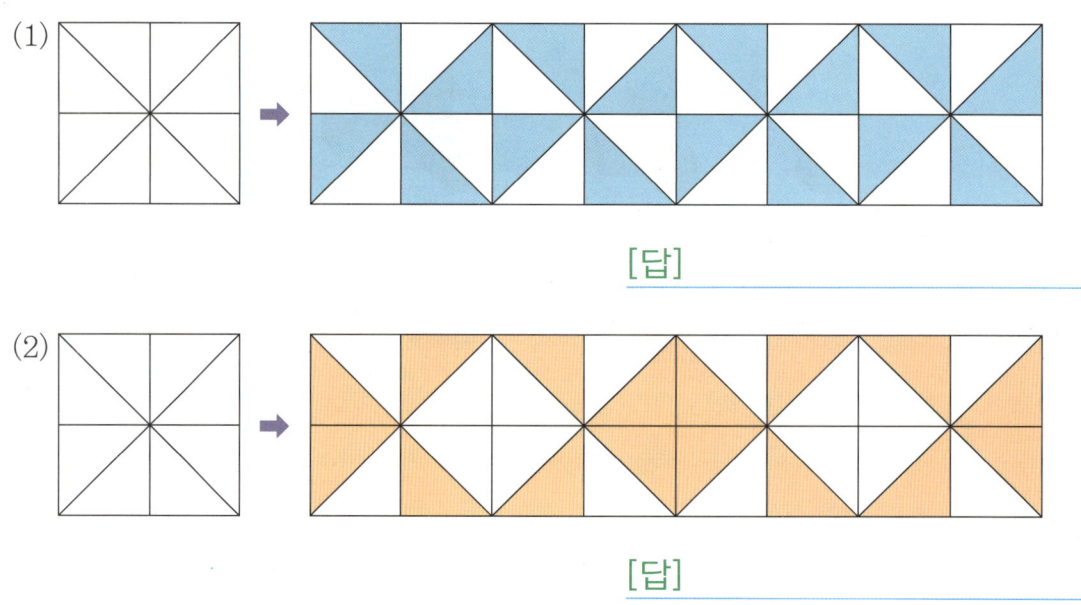

(1)

[답] _____

(2)

[답] _____

10 보기 와 같은 규칙으로 무늬를 완성하시오.

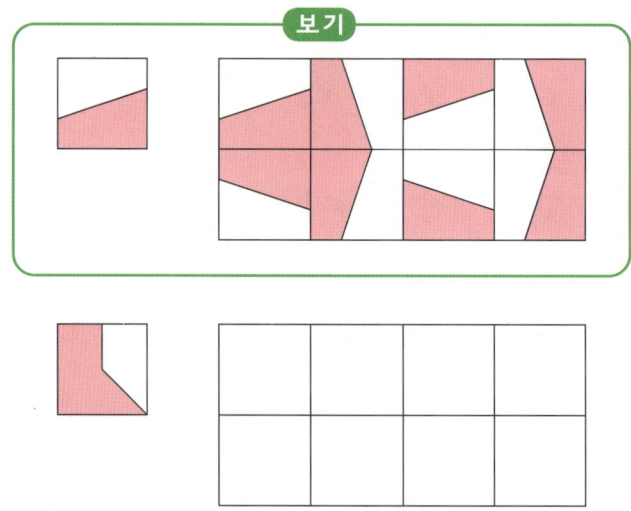

보기

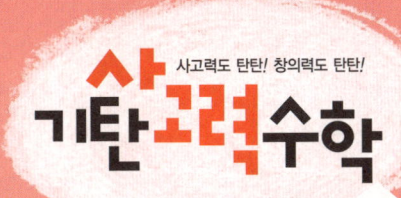

사고력도 탄탄! 창의력도 탄탄!
기탄고력수학

H3
🦆 H151a ~ H165b

학습 관리표

학습 내용		이번 주는?
확인 학습	· 소수 · 규칙 찾기 · 창의력 학습 · 경시대회 예상문제	• 학습 방법 : ① 매일매일　② 가끔　③ 한꺼번에 　하였습니다. • 학습 태도 : ① 스스로 잘　② 시켜서 억지로 　하였습니다. • 학습 흥미 : ① 재미있게　② 싫증내며 　하였습니다. • 교재 내용 : ① 적합하다고　② 어렵다고　③ 쉽다고 　하였습니다.

지도 교사가 부모님께	부모님이 지도 교사께

평가	Ⓐ 아주 잘함　　Ⓑ 잘함　　Ⓒ 보통　　Ⓓ 부족함

원(교)　　　　반　이름　　　　전화

기초부터 완탄하게
Ⓖ 기탄교육
www.gitan.co.kr / (02)586-1007(대)

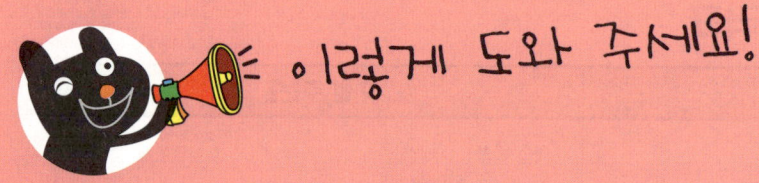 이렇게 도와 주세요!

● **학습 목표**
– 소수 두 자리 수, 소수 세 자리 수를 이해하고 읽고 쓸 수 있습니다.
– 소수의 자릿값을 알고, 소수를 분수로, 분수를 소수로 나타낼 수 있습니다.
– 소수 사이의 관계를 알고, 소수의 크기를 비교할 수 있습니다.
– 규칙을 찾아 수로 나타내고, 글로 나타낼 수 있습니다.
– 주어진 모양을 사용하여 밀기, 뒤집기, 돌리기 방법을 사용하여 새로운 무늬를 만들 수 있습니다.

● **지도 내용**
– 소수 두 자리 수, 소수 세 자리 수를 읽고 쓸 수 있게 합니다.
– 소수 사이의 관계를 알게 하고, 소수의 크기를 비교할 수 있게 합니다.
– 규칙을 찾아 수나 글로 나타낼 수 있게 합니다.
– 주어진 모양을 이용하여 새로운 무늬를 만들어 보게 합니다.
– 만들어진 새로운 무늬를 보고 만든 방법을 설명할 수 있게 합니다.

● **지도 요점**
앞에서 학습한 소수, 규칙 찾기를 알고 확인 학습하는 곳입니다. 여러 유형의 문제를 접해 보게 함으로써 아이가 학습한 지식을 잘 활용하여 문제를 해결할 수 있도록 지도해 주십시오.

★ 이름 :

★ 날짜 :

★ 시간 :　　시　　분 ~ 　시　　분

확인

◆ 소수(1) ◆

1 모눈종이 전체 크기를 1이라고 할 때, 주어진 소수만큼 색칠하시오.

0.43

2 다음 분수를 소수로 나타내어 보시오.

(1) $2\frac{27}{100}$ ➡ _____

(2) $\frac{504}{1000}$ ➡ _____

3 다음 소수를 읽어 보시오.

5.932

[답] _____

확인 학습

4 □ 안에 알맞은 수를 써넣으시오.

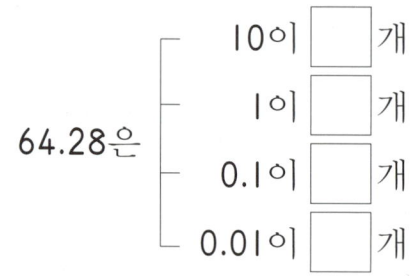

64.28은
- 10이 [ ]개
- 1이 [ ]개
- 0.1이 [ ]개
- 0.01이 [ ]개

5 다음 소수에서 숫자 8이 나타내는 수는 얼마입니까?

14.208

[답]

6 다음 중 영점 영영일의 자리 숫자가 4인 수는 어느 것입니까? (   )

① 5.418   ② 12.046   ③ 4.135
④ 15.024   ⑤ 40.129

 확인 학습

7 □ 안에 알맞은 수를 써넣으시오.

(1) 1이 72개, 0.1이 8개, 0.001이 46개인 수는 [   ] 입니다.

(2) 10이 5개, 1이 2개, $\frac{1}{100}$이 7개, $\frac{1}{1000}$이 4개인 수는 [   ] 입니다.

8 □ 안에 알맞은 수를 써넣으시오.

(1) 34m = [   ] km

(2) 18035m = [   ] km

9 빈칸에 알맞은 수를 써넣으시오.

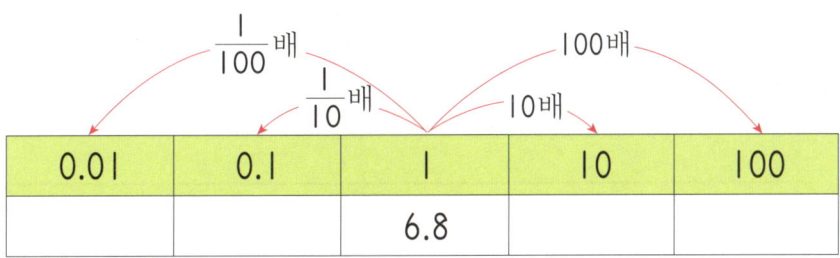

0.01	0.1	1	10	100
		6.8		

10 빈칸에 알맞은 수를 써넣으시오.

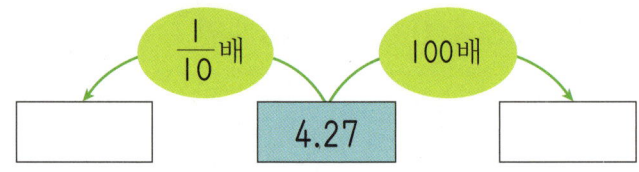

$\frac{1}{10}$배   100배

4.27

11 □ 안에 알맞은 수를 써넣으시오.

(1) 4.281의 10배는 □ 이고 100배는 □ 입니다.

(2) 62.3의 $\frac{1}{10}$배는 □ 이고 $\frac{1}{100}$배는 □ 입니다.

12 소수에서 생략할 수 있는 0을 찾아 보기 와 같이 나타내시오.

보기

1.8̸0̸   0.94̸0̸

2.019   10.127   0.590   8.402

13 모눈종이의 전체 크기를 1이라고 할 때, 모눈종이에 소수 0.83과 0.78만큼 색칠하고 두 수의 크기를 비교하여 ◯ 안에 >, <를 알맞게 써넣으시오.

0.83 ◯ 0.78

14 두 소수의 크기를 비교하여 ◯ 안에 >, <를 알맞게 써넣으시오.

(1) 4.29 ◯ 5.13 (2) 0.74 ◯ 0.736

15 크기가 작은 소수부터 차례로 쓰시오.

1.045   0.97   1.102

[답] _____

확인 학습

16 수민이의 몸무게는 37.105kg이고 경철이의 몸무게는 37.45kg입니다. 누구의 몸무게가 더 많이 나갑니까?

[답]

17 ○ 안에 >, <를 알맞게 써넣으시오.

$$9.15의 \frac{1}{10}배 \bigcirc 0.094의 10배$$

18 승원이네 집에서 친구들의 집까지의 거리입니다. 승원이네 집에서 누구의 집이 가장 가깝습니까?

> 경림 : 1.302km
> 은혁 : 0.991km
> 수홍 : 1125m

[답]

 확인 학습

★ 이름 :

★ 날짜 :

★ 시간 :   시   분 ~   시   분

확인

◆ 소수(2) ◆

1 수직선을 보고 ☐ 안에 알맞은 소수를 써넣으시오.

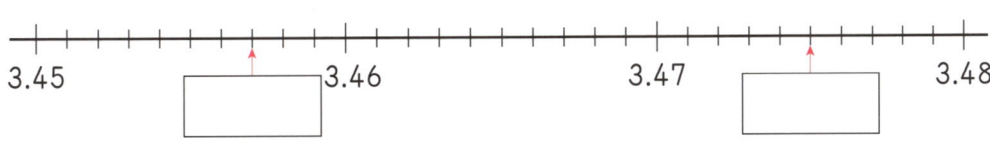

2 다음을 소수로 나타내고 읽어 보시오.

> 1이 52개, 0.1이 6개, 0.01이 4개, 0.001이 1개인 수

[쓰기] _____

[읽기] _____

3 보기 와 같이 소수를 나타내어 보시오.

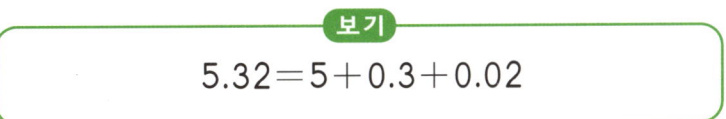

> **보기**
> $5.32 = 5 + 0.3 + 0.02$

(1) $8.51 =$ _____

(2) $4.086 =$ _____

확인 학습

4 1이 8개, 0.1이 7개, 0.01이 2개, 0.001이 14개인 수의 영점 영일의 자리 숫자는 얼마입니까?

[답] _____

5 다음 중 영점 영영일의 자리 숫자가 가장 큰 것은 어느 것입니까? (   )

① 0.587   ② 24.014   ③ 6.128
④ 8.265   ⑤ 19.346

6 □ 안에 알맞은 수를 써넣으시오.

500cm = □ km

7 □ 안에 알맞은 수를 써넣으시오.

□ 의 $\frac{1}{100}$ 배는 0.023입니다.

8 일의 자리 숫자가 5, 영점 일의 자리 숫자가 2, 영점 영일의 자리 숫자가 9인 수의 100배인 수는 얼마입니까?

[답]

9 다음 중 생략할 수 있는 0이 있는 소수는 어느 것입니까? (   )

① 0.027   ② 10.248   ③ 6.045

④ 15.009   ⑤ 8.540

10 ㉠이 나타내는 수는 ㉡이 나타내는 수의 몇 배입니까?

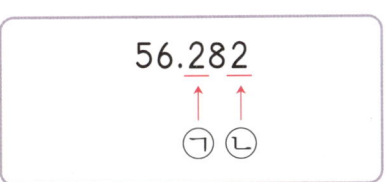

[답]

11 ○ 안에 >, =, <를 알맞게 써넣으시오.

$$6.38의 \frac{1}{10}배 \bigcirc 0.007의 100배$$

12 다음 중 가장 큰 수는 어느 것입니까? (   )

① 4.19의 10배인 수

② 0.419의 1000배인 수

③ 41.9의 $\frac{1}{10}$배인 수

④ 419의 $\frac{1}{100}$배인 수

⑤ 41.9의 100배인 수

13 큰 수부터 차례로 기호를 쓰시오.

> ㉠ 5.912   ㉡ $5\frac{92}{1000}$ ㉢ 5.192

[답]

 확인 학습

14 성일이는 0.927km를 달렸고, 동주는 $920\frac{8}{10}$m를 달렸습니다. 누가 더 많이 달렸습니까?

[답] _____

15 빈 곳에 알맞은 수를 써넣으시오.

| 0.348 | — | 3.48 | — | 34.8 | — | | — | |

16 0에서 9까지의 숫자 중에서 □ 안에 들어갈 수 있는 숫자는 모두 몇 개입니까?

$$12.245 > 12.\boxed{}37$$

[답] _____

17 4장의 숫자 카드를 한 번씩 사용하여 소수 세 자리 수를 만들려고 합니다. 둘째로 큰 소수를 만들어 보시오.

[답]

18 다음 조건을 모두 만족하는 소수 세 자리 수는 얼마입니까?

> ㉠ 5.4보다 크고, 5.52보다 작습니다.
> ㉡ 영점 영일의 자리 숫자가 3입니다.
> ㉢ 각 자리 숫자의 합은 15입니다.

[답]

19 일의 자리 숫자가 7, 영점 일의 자리 숫자가 0, 영점 영일의 자리 숫자가 9, 영점 영영일의 자리 숫자가 8인 수보다 작은 소수 세 자리 수 중에서 7.09보다 큰 수는 모두 몇 개입니까?

[답]

♣ 이름 :

♣ 날짜 :

♣ 시간 :   시   분 ~   시   분

확인

◆ **규칙 찾기**(1) ◆

🐸 규칙대로 늘어놓은 바둑돌을 보고 물음에 답하시오. [1~3]

1 바둑돌의 수를 차례로 써 보시오.

[답]

2 바둑돌이 놓인 규칙을 글로 써 보시오.

[규칙]

3 6째 번에 놓을 바둑돌은 몇 개입니까?

[답]

확인 학습

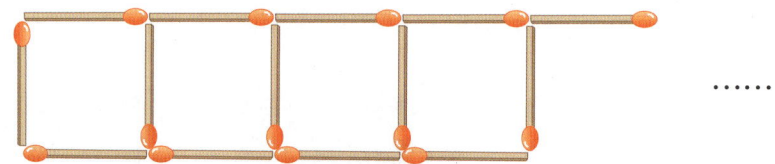

그림과 같이 성냥개비로 사각형을 만들었습니다. 물음에 답하시오. [4~6]

4 사각형의 수와 성냥개비의 수를 나타낸 표입니다. 빈칸에 알맞은 수를 써넣으시오.

사각형의 수(개)	1	2	3	4	5
성냥개비의 수(개)					

5 사각형의 수와 성냥개비의 수 사이에 어떤 규칙이 있습니까?

[규칙]

6 사각형 12개를 만드는 데 필요한 성냥개비는 몇 개입니까?

[답]

 확인 학습

🐸 그림과 같이 쌓기나무를 놓았습니다. 물음에 답하시오. [7~8]

  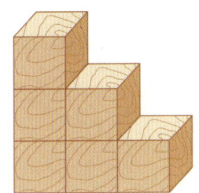

7 쌓기나무를 놓은 규칙을 글로 써 보시오.

[규칙] _____

8 8째 번에는 쌓기나무를 몇 개 놓아야 합니까?

[답] _____

9 다음 수의 규칙을 찾아 글로 쓰고 ☐ 안에 알맞은 수를 써 넣으시오.

| I | 2 | 5 | 10 | ☐ | 26 | ...... |

[규칙] _____

확인 학습

10 그림과 같이 바둑돌을 늘어놓을 때 **32**째 번에 놓을 바둑돌은 무슨 색입니까?

[답]

🐸 선희와 기복이가 규칙 알아맞히기 놀이를 하고 있습니다. 선희가 **2**라고 하면 기복이는 **6**이라고 답하고 선희가 **3**이라고 하면 기복이는 **9**라고 답합니다. 또 선희가 **5**라고 하면 기복이는 **15**라고 답합니다. 물음에 답하시오. [11~13]

11 기복이의 규칙은 무엇입니까?

[규칙]

12 선희가 **20**이라고 하면 기복이는 어떤 수로 답하겠습니까?

[답]

13 기복이가 **27**이라고 답했다면 선희는 어떤 수를 말했겠습니까?

[답]

 확인 학습

14 주어진 모양을 밀기 방법을 이용하여 새로운 무늬를 만들어 보시오.

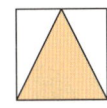 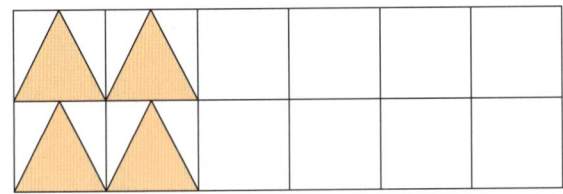

15 주어진 모양을 오른쪽, 왼쪽, 아래쪽, 위쪽으로 뒤집어 가며 이어 붙여서 새로운 무늬를 만들어 보시오.

 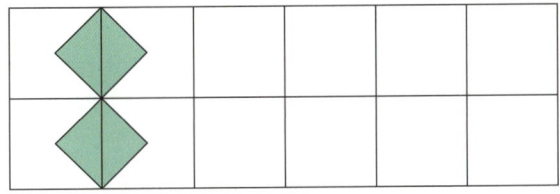

16 주어진 모양을 여러 방향으로 돌려 가며 이어 붙여서 새로운 무늬를 만들어 보시오.

 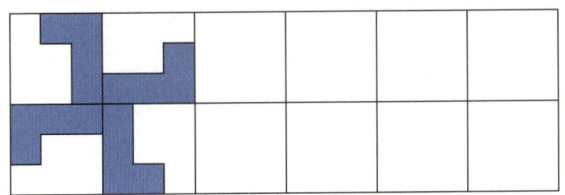

확인 학습

17 오른쪽 무늬는 어떤 모양을 밀어 가며 이어 붙여서 만든 것인지 빈 곳에 그려 보시오.

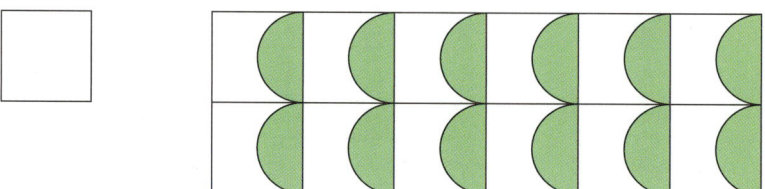

 왼쪽 모양을 이용하여 오른쪽과 같이 새로운 무늬를 만들었습니다. 밀기, 뒤집기, 돌리기 중에서 어떤 방법을 이용하여 만들었는지 알아보시오. [18~19]

18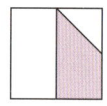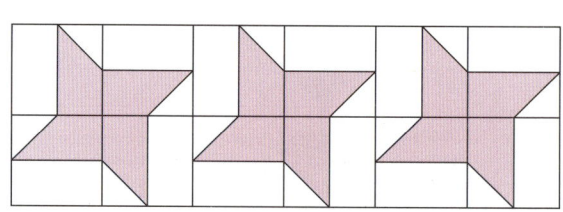

[답]

19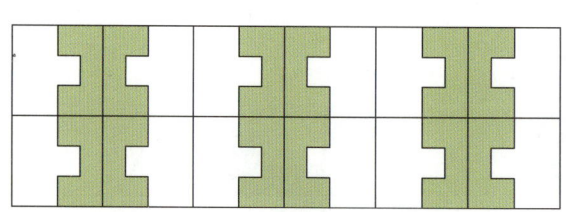

[답]

◆ 규칙 찾기(2) ◆

1 그림과 같이 쌓기나무가 놓여 있습니다. 빈 곳에 알맞은 수를 써넣고 6째 번에 놓일 쌓기나무의 개수를 구하시오.

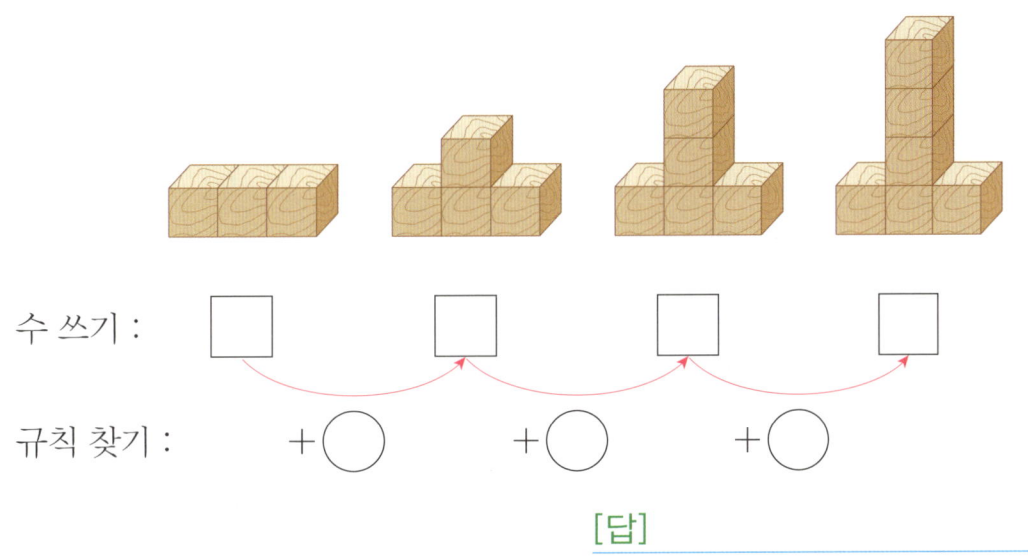

수 쓰기 : ☐ ☐ ☐ ☐

규칙 찾기 : ＋○ ＋○ ＋○

[답]

2 그림과 같이 구슬을 늘어놓을 때의 규칙을 빈 곳에 수로 나타내고 6째 번에 놓일 구슬의 수를 구하시오.

[답]

확인 학습

3 규칙대로 놓은 바둑돌을 보고 물음에 답하시오.

(1) 바둑돌을 놓은 규칙을 글로 써 보시오.

[규칙]

(2) 7째 번에는 바둑돌을 몇 개 놓아야 합니까?

[답]

4 다음 쌓기나무를 놓은 규칙을 글로 써 보고 7째 번에는 쌓기나무를 몇 개 놓아야 하는지 알아보시오.

  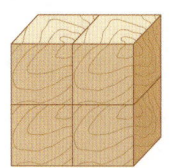 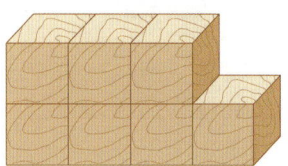

[규칙]

[답]

5 그림과 같이 야구공을 놓을 때 **7**째 번에는 야구공을 몇 개 놓아야 합니까?

[답]

6 그림과 같이 구슬을 놓을 때 **6**째 번에는 구슬을 몇 개 놓아야 합니까?

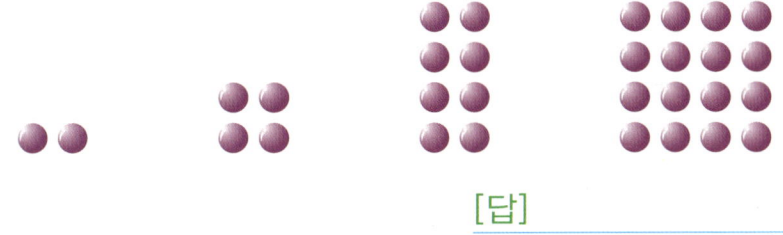

[답]

7 그림과 같이 성냥개비로 사각형을 만들었습니다. 똑같은 사각형을 **10**개 만드는 데 필요한 성냥개비는 모두 몇 개입니까?

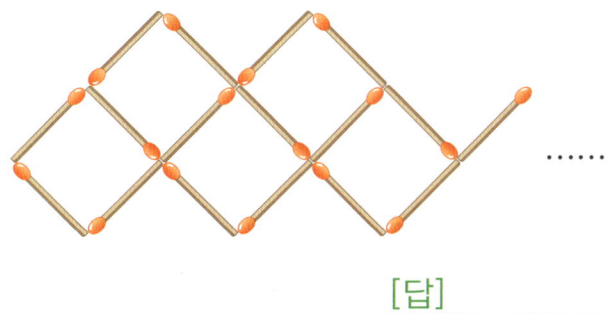

......

[답]

8 정훈이와 수연이가 다음과 같이 규칙 알아맞히기 놀이를 하고 있습니다. 수연이가 30이라고 답했다면 정훈이가 말한 수는 얼마인지 빈칸에 써넣으시오.

정훈이가 말한 수	1	5	10	14	
수연이가 답한 수	10	14	19	23	30

9 다음 모양을 밀었을 때 생기는 모양은 어느 것인지 기호를 쓰시오.

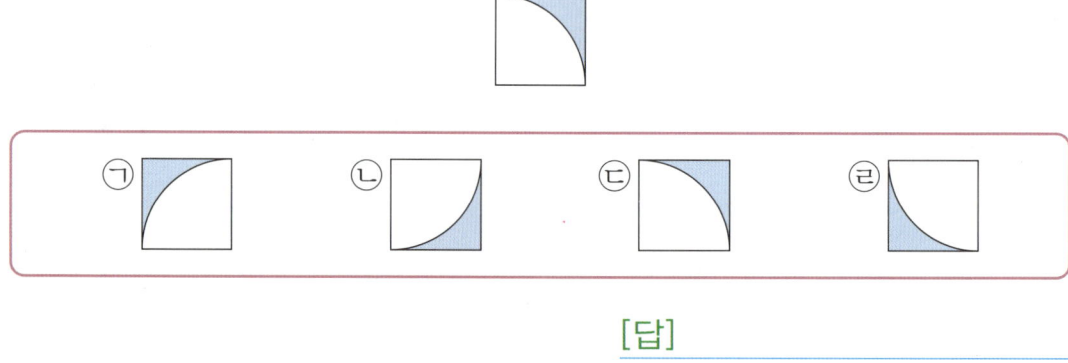

[답]

10 주어진 모양을 오른쪽, 왼쪽, 아래쪽, 위쪽으로 뒤집어 가며 이어 붙여서 새로운 무늬를 만들어 보시오.

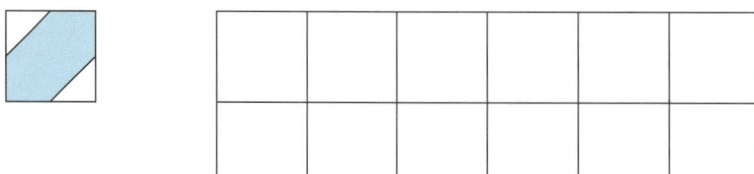

11 주어진 모양을 여러 방향으로 돌려 가며 이어 붙여서 새로운 무늬를 만들어 보시오.

12 다음 모양을 돌리기 하여 만들 수 <u>없는</u> 모양은 어느 것입니까? (   )

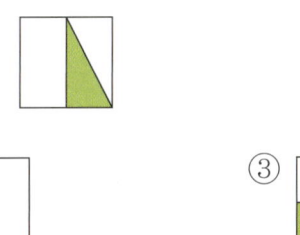

①    ② 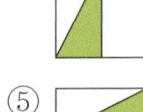   ③

④   ⑤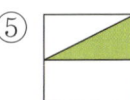

13 오른쪽 무늬는 어떤 모양을 뒤집기 방법을 이용하여 만든 것인지 빈 곳에 그려 보시오.

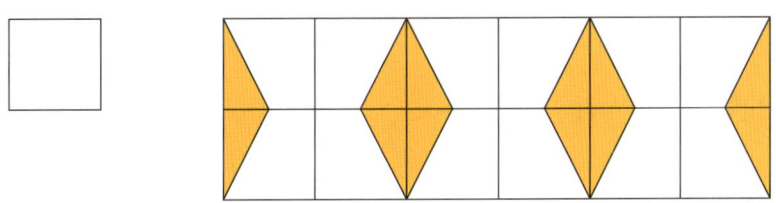

14 왼쪽 모양을 이용하여 오른쪽과 같이 새로운 무늬를 만들었습니다. 밀기, 뒤집기, 돌리기 중에서 어떤 방법을 이용하여 만들었는지 알아보시오.

[답]

15 주어진 모양을 이용하여 다음과 같이 새로운 무늬를 만들었습니다. 물음에 답하시오.

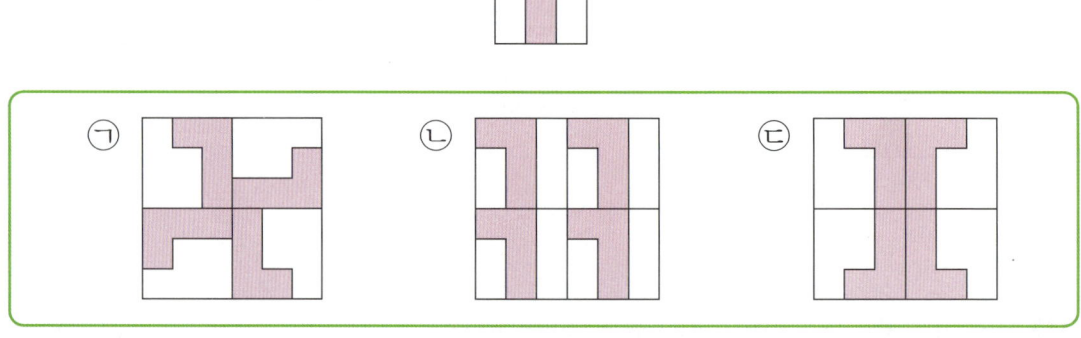

(1) 주어진 모양을 밀기 방법을 이용하여 만든 무늬는 어느 것입니까?

[답]

(2) 주어진 모양을 돌리기 방법을 이용하여 만든 무늬는 어느 것입니까?

[답]

확인 학습

✿ 이름 :

✿ 날짜 :

✿ 시간 :　시　분 ～　시　분

확인

🌐 창의력 학습

친구들이 달리기 시합에 참가했습니다. 민수, 은정, 경희, 성호가 지금까지 달린 거리는 다음 그림과 같습니다. 친구들이 지금까지 달린 거리는 몇 km인지 소수로 나타내시오.

민수　　　　　은정　　　　　경희　　　　　성호

규칙에 맞게 구슬에 색을 칠하시오.

규칙	위쪽 줄에 있는 두 개의 구슬의 색깔에 따라 바로 아래쪽 줄 사이에 있는 구슬의 색깔이 정해집니다. 위쪽의 두 구슬의 색깔이 같으면 아래쪽에는 파란색을, 위쪽의 두 구슬의 색깔이 다르면 아래쪽에는 빨간색을 칠합니다.

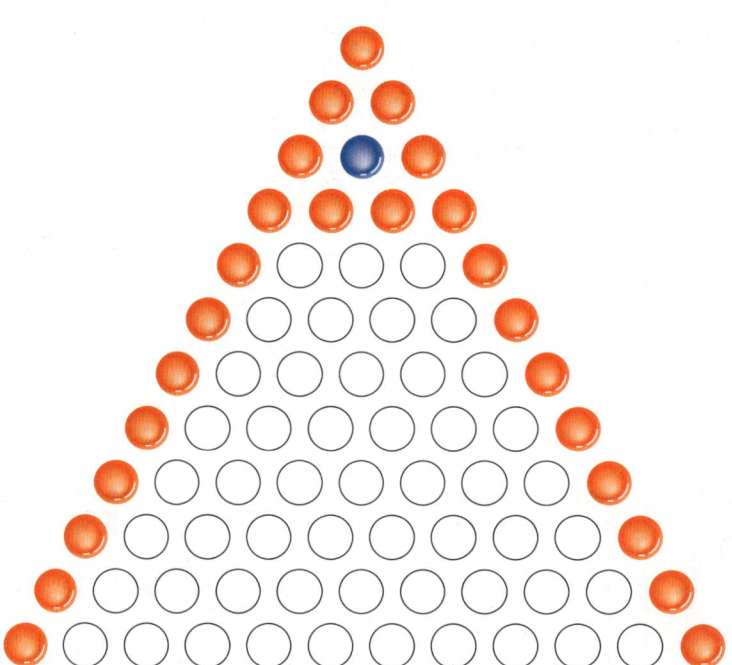

♣ 이름 :
♣ 날짜 :
♣ 시간 :   시   분 ~   시   분

확인

✚ 경시대회 예상문제

1 은서는 매일 아침 거리가 **250m**인 운동장을 한 바퀴씩 달립니다. 은서가 일주일 동안 달린 거리는 모두 몇 **km**입니까?

[답]

2 어떤 수의 $\dfrac{1}{100}$ 배는 **0.026**입니다. **2600**은 어떤 수의 몇 배인지 풀이 과정을 쓰고 답을 구하시오.

[답]

3 다음 숫자 카드를 한 번씩만 사용하여 만들 수 있는 소수 세 자리 수 중에서 5에 가장 가까운 수를 구하시오.

| 6 | 4 | 5 | 7 | . |

[답]

4 다음 조건을 모두 만족하는 소수 두 자리 수는 모두 몇 개입니까?

> • 3보다 크고 3.5보다 작은 수입니다.
> • 각 자리의 숫자의 합은 10입니다.

[답]

5 소, 원숭이, 토끼, 호랑이, 기린이 달리기 시합에 참가했습니다. 각 동물들이 지금까지 달린 거리는 다음과 같습니다. 호랑이가 현재 2등일 때 □ 안에 들어갈 수 있는 소수 세 자리 수를 모두 쓰시오.

소	원숭이	토끼	호랑이	기린
256m	390m	586m	□km	590m

[답]

6 □ 안에는 0부터 9까지의 숫자가 들어갈 수 있습니다. 큰 수부터 차례로 기호를 쓰시오.

> ㉠ 39.0□2　　㉡ 4□.123
> ㉢ 39.□99　　㉣ 40.01□

[답]

7 그림과 같이 쌓기나무를 규칙적으로 쌓으려고 합니다. 10층까지 쌓으려면 모두 몇 개의 쌓기나무가 필요합니까?

[답] _____

8 그림과 같이 성냥개비로 사각형과 삼각형을 각각 10개씩 만들 때 필요한 성냥개비는 모두 몇 개입니까?

 ...... 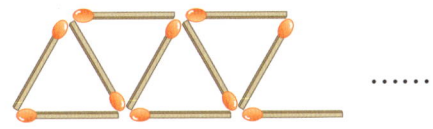 ......

[답] _____

9 다음과 같은 규칙으로 바둑돌 96개를 늘어놓을 때 검은색 바둑돌은 모두 몇 개입니까?

 ......

[답] _____

서술형·논술형

10 그림과 같이 바둑돌을 놓을 때 10째 번에는 어떤 바둑돌이 몇 개 더 많은지 풀이 과정을 쓰고 답을 구하시오.

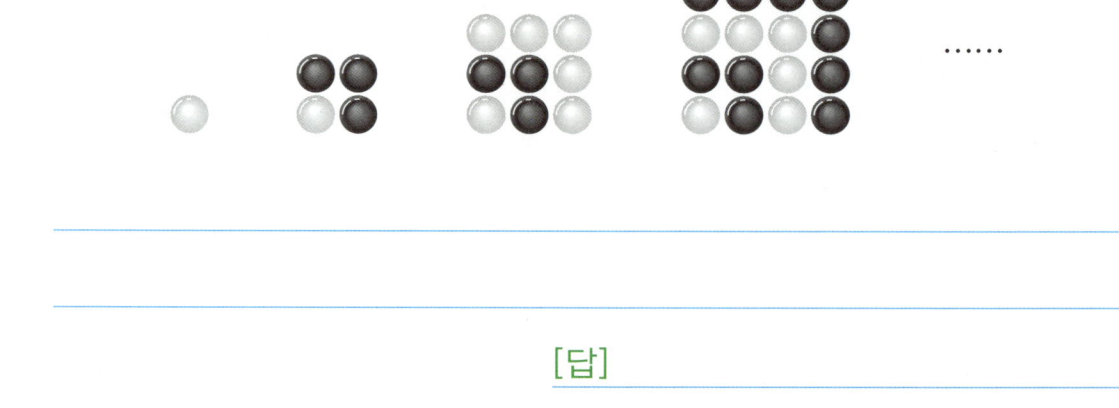

[답]

11 두 가지 모양을 모두 이용하여 주어진 방법으로 무늬를 만들어 보시오.

(뒤집기) (돌리기)

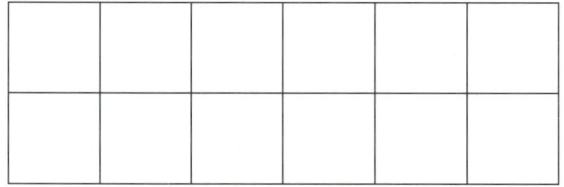

12 왼쪽의 모양을 밀기, 뒤집기, 돌리기의 방법을 이용하여 오른쪽과 같은 무늬를 만들었습니다. 왼쪽에 어떤 모양이 있었는지 색칠하고, 움직인 방법을 설명하여 보시오.

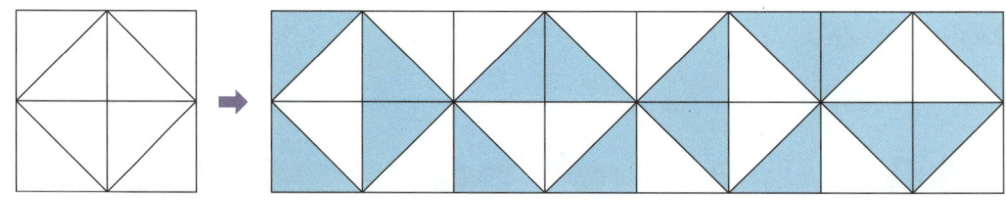

[답]

사고력도 탄탄! 창의력도 탄탄!

기탄고력수학

H3

🐜 H166a ~ H180b

학습 관리표

학습 내용		이번 주는?
확인 학습	·큰 수 / ·곱셈과 나눗셈 ·각도 / ·삼각형 ·혼합 계산 ·분수 / ·소수 ·규칙 찾기 ·창의력 학습 ·경시대회 예상문제 ·종료 테스트	• 학습 방법 : ① 매일매일　② 가끔　③ 한꺼번에 　　하였습니다. • 학습 태도 : ① 스스로 잘　② 시켜서 억지로 　　하였습니다. • 학습 흥미 : ① 재미있게　② 싫증내며 　　하였습니다. • 교재 내용 : ① 적합하다고　② 어렵다고　③ 쉽다고 　　하였습니다.

지도 교사가 부모님께	부모님이 지도 교사께

평가	Ⓐ 아주 잘함	Ⓑ 잘함	Ⓒ 보통	Ⓓ 부족함

원(교)　　　　반　　이름　　　　　　전화

기초부터 탄탄하게
G 기탄교육
www.gitan.co.kr / (02)586-1007(대)

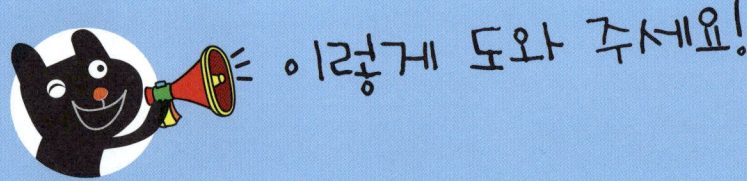

● **학습 목표**

– 만, 십만, 백만, 천만, 억, 조 자리 수를 쓰고 읽을 수 있습니다.

– (세/네 자리 수)×(두 자리 수), (두/세 자리 수)÷(두 자리 수)를 계산할 수 있습니다.

– 각도를 읽고 그릴 수 있으며 각도의 합과 차를 구할 수 있습니다.

– 이등변삼각형, 정삼각형, 예각삼각형, 둔각삼각형을 이해할 수 있습니다.

– 덧셈, 뺄셈, 곱셈, 나눗셈, ( ), { }가 섞여 있는 혼합 계산식의 계산 순서를 알고 계산할 수 있습니다.

– 진분수, 가분수, 대분수를 알고, 분모가 같은 분수의 크기를 비교할 수 있습니다.

– 소수 두, 세 자리 수와 소수 사이의 관계를 이해하고 소수의 크기를 비교할 수 있습니다.

– 규칙을 찾아 수 또는 글로 나타낼 수 있고, 주어진 모양을 사용하여 밀기, 뒤집기, 돌리기 방법으로 새로운 무늬를 만들 수 있습니다.

● **지도 내용**

– 만, 십만, 백만, 천만, 억, 조에 대해 알아보고 수를 읽고 써 보게 합니다.

– (세/네 자리 수)×(두 자리 수), (두/세 자리 수)÷(두 자리 수)를 계산하게 합니다.

– 각도를 읽고 그려 보게 하며 각도의 합과 차를 구해 보게 합니다.

– 이등변삼각형, 정삼각형, 예각삼각형, 둔각삼각형에 대해 알아보게 합니다.

– 덧셈, 뺄셈, 곱셈, 나눗셈, ( ), { }가 섞여 있는 혼합 계산식의 계산 순서를 알고 계산하게 합니다.

– 진분수, 가분수, 대분수를 알고, 분모가 같은 분수의 크기를 비교하게 합니다.

– 소수 두, 세 자리 수와 소수 사이의 관계를 이해하고 소수의 크기를 비교하게 합니다.

– 규칙을 찾아 수 또는 글로 나타내 보게 하고, 주어진 모양을 사용하여 밀기, 뒤집기, 돌리기 방법으로 새로운 무늬를 만들어 보게 합니다.

● **지도 요점**

앞에서 학습한 큰 수, 곱셈과 나눗셈, 각도, 삼각형, 혼합 계산, 분수, 소수, 규칙 찾기를 총정리하는 곳입니다. 여러 유형의 문제를 접해 보게 함으로써 학습한 지식을 잘 활용하여 문제를 해결할 수 있도록 지도해 주십시오. 그리고 종료 테스트를 이용하여 주어진 시간 내에 모든 문제를 푸는 연습을 하도록 지도해 주십시오.

● 이름 :

● 날짜 :

● 시간 :　　시　　분 ~　　시　　분

확인

◆ 큰 수 ◆

1 □ 안에 알맞은 수를 써넣으시오.

10000은 9700보다 [ ] 큰 수입니다.

2 □ 안에 알맞은 수나 말을 써넣으시오.

(1) 10000이 5개, 1000이 7개, 100이 3개, 10이 9개, 1이 1개인 수는

[ ] 이고, [ ] 이라고 읽습니다.

(2) 10000이 8개, 1000이 3개, 100이 1개, 10이 4개, 1이 7개인 수는

[ ] 이고, [ ] 이라고 읽습니다.

3 백만의 자리 숫자가 가장 큰 것은 어느 것입니까? (　　　　)

① 3215467　　　② 54690125　　　③ 91032764

④ 18472354　　　⑤ 40612793

확인 학습

4 제상이네 반에서 불우이웃 돕기 성금을 모았더니 다음과 같았습니다. 제상이네 반에서 모은 성금은 모두 얼마입니까?

> 10000원짜리 15장
> 1000원짜리 6장
> 100원짜리 9개
> 10원짜리 18개

[답]

5 다음 7장의 숫자 카드를 한 번씩만 사용하여 십만의 자리 숫자가 5인 가장 큰 일곱 자리 수를 만들어 보시오.

[답]

6 다음 수 중 십억의 자리 숫자가 더 큰 것의 기호를 쓰시오.

> ㉠ 십육조 사천이백육십이억 오천칠백만
> ㉡ 4조 2194억 3000만의 100배인 수

[답]

7 다음 수에서 ㉠이 나타내는 수는 ㉡이 나타내는 수의 몇 배입니까?

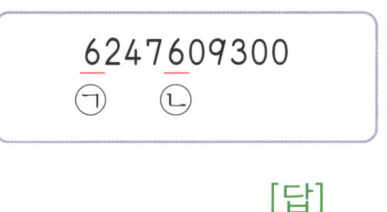

[답]

8 빈 곳에 알맞은 수를 써넣으시오.

(1)

5억 3216만	5억 3316만		5억 3516만

(2)

8003억	9003억		

9 빈칸에 알맞은 수를 써넣으시오.

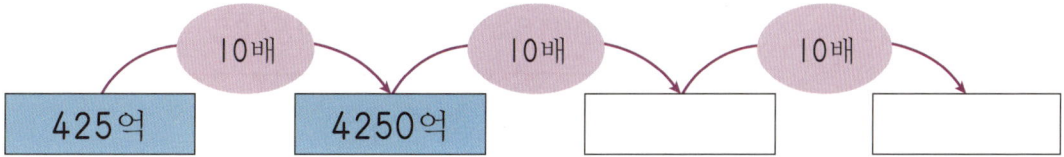

10 준수는 25만 6000원을 가지고 있습니다. 여기에 매달 50000원씩 4달을 더 모았습니다. 준수가 가진 돈은 얼마입니까?

[답] _____

11 가장 큰 수에 ◯표, 가장 작은 수에 △표 하시오.

> 54123278400520   (   )
> 54098364217600   (   )
> 53970028541628   (   )

12 0부터 9까지의 숫자 중에서 ☐ 안에 들어갈 수 있는 숫자를 모두 구하시오.

> 5852009154 < 58☐1796485

[답] _____

★ 이름 :

★ 날짜 :

★ 시간 :　　시　　분 ~　　시　　분

확인

◆ **곱셈과 나눗셈** ◆

1 곱의 크기를 비교하여 ○ 안에 >, =, <를 알맞게 써넣으시오.

$$40 \times 800 \quad \bigcirc \quad 600 \times 50$$

2 틀린 곳을 찾아 바르게 고치시오.

```
      4 5 6
  ×     3 7
  ─────────
    3 1 9 2
  1 3 6 8
  ─────────
  4 5 6 0
```
➡

3 빈 곳에 두 수의 곱을 써넣으시오.

4219	73

4 다음을 계산하시오.

(1) $6 \times 17 \times 8$

(2) $25 \times 34 \times 5$

5 한 권에 4580원 하는 동화책을 80권을 사서 어린이도서관에 기증하려고 합니다. 동화책값은 모두 얼마입니까?

[답]

6 경주가 하루에 2시간씩 책을 읽기로 했습니다. 한 시간에 65쪽을 읽는다면 4주일 동안에는 모두 몇 쪽의 책을 읽게 됩니까?

[답]

7 527에 어떤 수를 곱해야 할 것을 잘못하여 더했더니 583이 되었습니다. 바르게 계산하면 얼마입니까?

[답]

8 다음 계산을 하고 검산을 하시오.

(1)

$$40\overline{)270}$$

(2)

$$58\overline{)475}$$

(검산) _____

(검산) _____

9 몫이 가장 큰 것을 찾아 기호를 쓰시오.

ㄱ 723÷87   ㄴ 462÷61   ㄷ 285÷31

[답] _____

10 나눗셈의 나머지가 큰 것부터 차례로 ◯ 안에 번호를 써넣으시오.

◯ $27\overline{)44}$ ◯ $18\overline{)82}$ ◯ $43\overline{)174}$

확인 학습

11 ☐ 안에 알맞은 수를 써넣으시오.

$$\boxed{} \div 54 = 18 \cdots 26$$

12 길이가 **9m**인 색 테이프를 한 도막이 **75cm**가 되도록 잘라 꽃을 만들려고 합니다. 꽃을 몇 송이 만들 수 있습니까?

[답] _____

13 다음 숫자 카드를 한 번씩만 사용하여 몫이 가장 큰 (세 자리 수) ÷ (두 자리 수)의 나눗셈식을 만들고 몫과 나머지를 구하려고 합니다. 물음에 답하시오.

    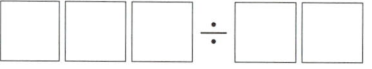

(1) 숫자 카드로 만들 수 있는 가장 큰 세 자리 수와 가장 작은 두 자리 수를 각각 만들어 보시오.

[답] _____

(2) 몫이 가장 큰 (세 자리 수) ÷ (두 자리 수)를 만들고 몫과 나머지를 구하시오.

$$\boxed{}\,\boxed{}\,\boxed{} \div \boxed{}\,\boxed{}$$

[몫] _____

[나머지] _____

 확인 학습

이름 :

날짜 :

시간 :   시   분 ~   시   분

확인

◆ 각도 ◆

1 큰 각부터 차례로 (   ) 안에 번호를 써 보시오.

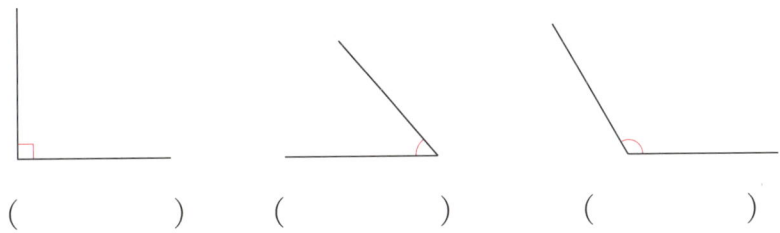

(   )   (   )   (   )

2 각도를 읽어 보시오.

(1)

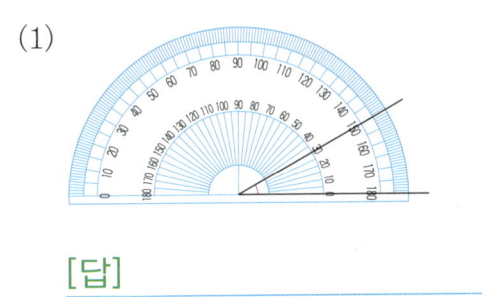

[답] _____

(2)

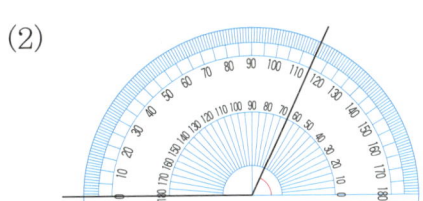

[답] _____

3 각도기를 이용하여 각도를 재어 보시오.

(1)

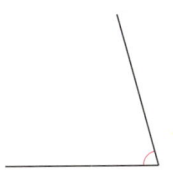

[답] _____

(2)

[답] _____

확인 학습

4 주어진 각도와 크기가 같은 각을 그려 보시오.

(1) 55°

(2) 155°

5 각도를 어림하여 보고 각도기를 이용하여 재어 보시오.

(1)

어림한 각도 : ☐
잰 각도 : ☐

(2)

어림한 각도 : ☐
잰 각도 : ☐

6 각도의 합과 차를 구하시오.

(1) 45° + 80° = ☐

(2) 2직각 + 95° = ☐

(3) 90° − 55° = ☐

(4) 3직각 − 105° = ☐

7 다음 두 각도의 합과 차를 구하시오.

> 136°   58°

[합] _____

[차] _____

8 다음 시계의 긴바늘과 짧은바늘이 이루는 작은 쪽의 각의 크기는 몇 도입니까?

[답] _____

9 ☐ 안에 알맞은 수를 써넣으시오.

(1)

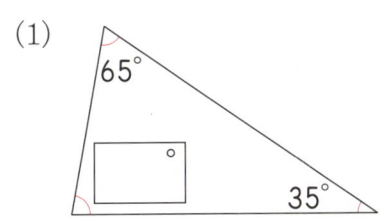

(2)

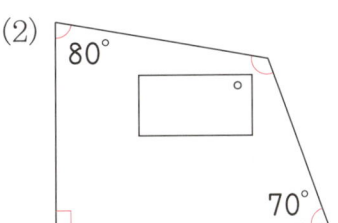

10 다음 도형에서 ㉠과 ㉡의 합을 구하시오.

(1)

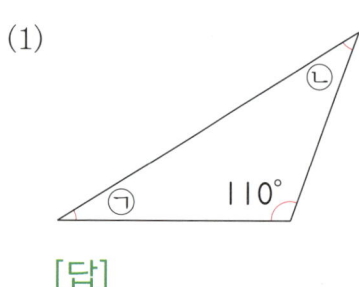

[답] _____

(2)

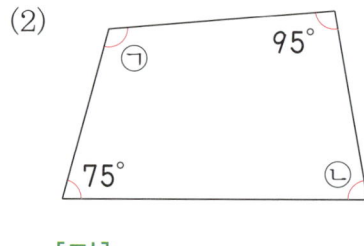

[답] _____

11 ☐ 안에 알맞은 수를 써넣으시오.

(1)

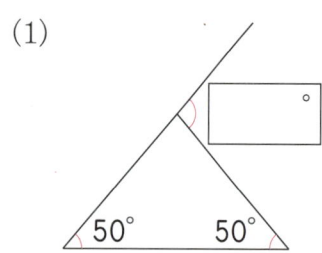

(2)

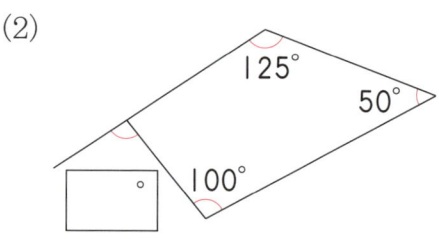

12 도형 안에 있는 6개의 각의 크기의 합을 구하시오.

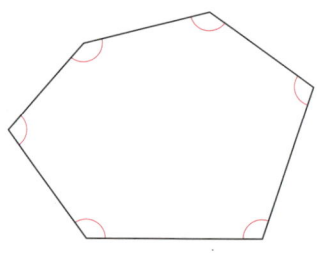

[답] _____

H-172a

❀ 이름 :

❀ 날짜 :

❀ 시간 :　　시　　분 ~ 　　시　　분

확인

◆ **삼각형** ◆

🐸 다음 삼각형을 보고 물음에 답하시오. [1~4]

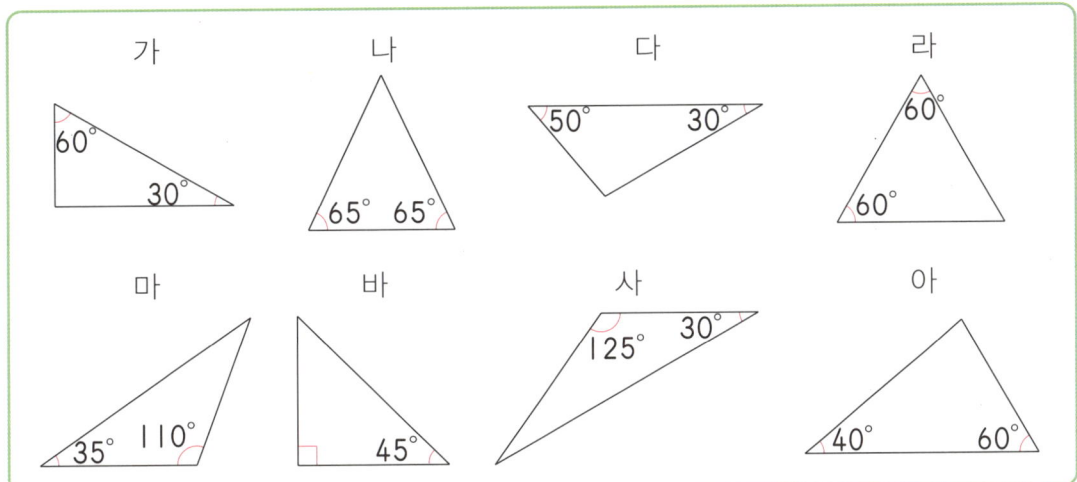

1 이등변삼각형을 모두 찾아 쓰시오.

[답]

2 정삼각형을 찾아 쓰시오.

[답]

3 예각삼각형을 모두 찾아 쓰시오.

[답]

4 둔각삼각형을 모두 찾아 쓰시오.

[답]

확인 학습

5 다음은 이등변삼각형입니다. □ 안에 알맞은 수를 써넣으시오.

(1)

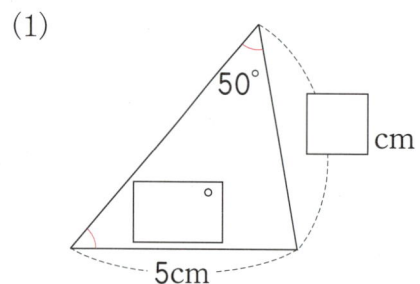

(2)

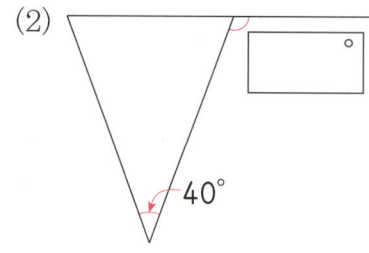

6 다음 중 이등변삼각형이 아닌 것을 찾아 기호를 쓰시오.

> ㉠ 세 각의 크기가 모두 60°인 삼각형
> ㉡ 세 변의 길이가 4cm, 5cm, 6cm인 삼각형
> ㉢ 두 각의 크기가 50°, 65°인 삼각형
> ㉣ 세 변의 길이가 모두 9cm인 삼각형

[답] _____

7 다음은 정삼각형입니다. □ 안에 알맞은 수를 써넣으시오.

(1)

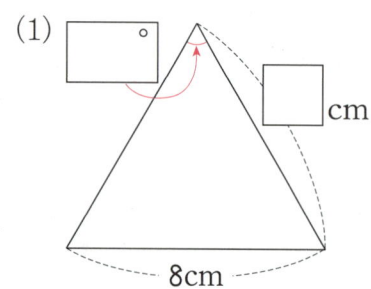

(2)

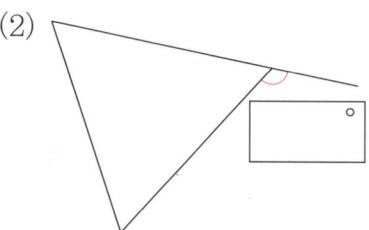

 확인 학습

8 한 변의 길이가 18cm인 정삼각형이 있습니다. 이 정삼각형의 세 변의 길이의 합은 몇 cm입니까?

[답] _____

9 다음 이등변삼각형과 정삼각형의 세 변의 길이의 합은 같습니다. ☐ 안에 알맞은 수를 써넣으시오.

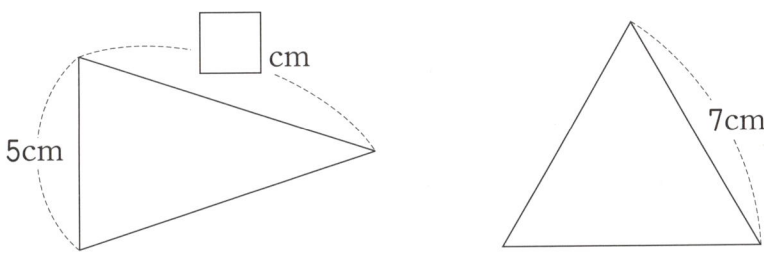

10 예각과 둔각을 모두 찾아 쓰시오.

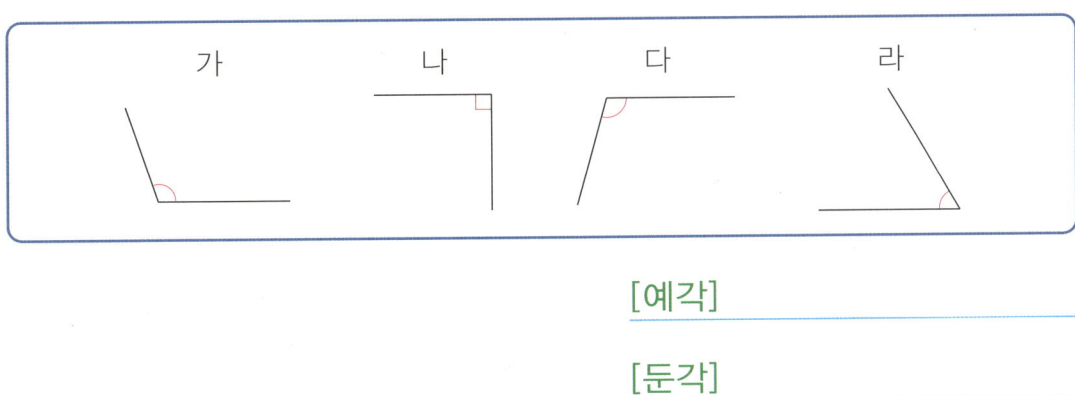

[예각] _____

[둔각] _____

11 시계의 긴바늘과 짧은바늘이 이루는 작은 쪽의 각을 예각과 둔각으로 구분하시오.

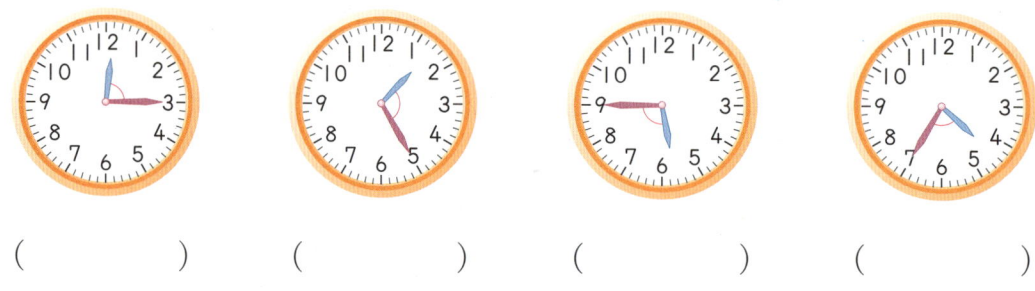

(   )   (   )   (   )   (   )

12 크고 작은 예각삼각형과 둔각삼각형은 모두 몇 개입니까?

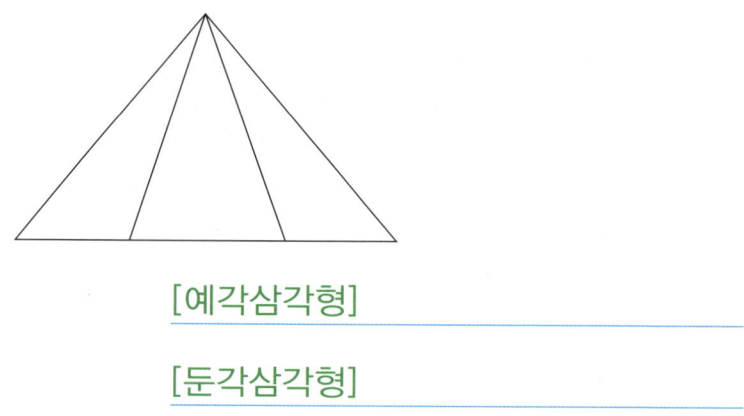

[예각삼각형] _____

[둔각삼각형] _____

13 삼각형의 두 각이 78°, 24°인 삼각형은 예각삼각형, 둔각삼각형 중에서 어느 것인지 알아보시오.

[답] _____

🌸 이름 :

🌸 날짜 :

🌸 시간 : 　시　분 ~ 　시　분

확인

◆ 혼합 계산 ◆

🐸 다음을 계산하시오. [1~8]

1 $63 - 14 - 21 + 52$

2 $64 \div 4 \times 5 \div 20$

3 $80 - 3 \times 14 + 29$

4 $8 + 37 - 32 \div 16$

5 $100 - 98 \div (14 \times 7)$

6 $\{1 + (16 - 14) \times 16\} \div 3$

7 $40 \div \{8 - (1 + 3)\} \times 10$

8 $250 \div 5 - 3 \times \{20 - (7 + 2)\}$

9 다음 중 (　)가 없어도 계산 결과가 같은 식은 어느 것입니까? (　　　　)

① $(30 + 25) \div 5$ 　　② $16 \times (3 + 9)$ 　　③ $31 - (15 \times 2)$

④ $14 \times (9 - 3)$ 　　⑤ $96 \div (16 - 4)$

10 다음 두 식을 하나의 식으로 나타내시오.

$$56 \div 7 = 8, \quad 92 - 8 \times 9 = 20$$

[식]

확인 학습

11 은미는 10일 동안 매일 50회씩 줄넘기를 하였고, 성호는 일주일 동안 매일 100회씩 줄넘기를 하였습니다. 성호가 은미보다 얼마나 더 많이 하였는지 하나의 식으로 만들어 구하시오.

[식]   [답]

12 미숙이는 어제 5000원을 가지고 400원짜리 연필을 5자루 샀습니다. 오늘은 남은 돈으로 800원짜리 공책을 한 권 샀습니다. 미숙이가 지금 가지고 있는 돈은 얼마인지 하나의 식으로 만들어 구하시오.

[식]   [답]

13 연필 8타를 남학생 7명과 여학생 9명에게 똑같게 나누어 주려고 합니다. 한 사람에게 몇 자루씩 나누어 주면 되는지 하나의 식으로 만들어 구하시오.

[식]   [답]

14 어떤 수에서 100을 빼고 15를 곱해야 하는데 잘못하여 어떤 수에 100을 더하고 15로 나누었더니 20이 되었습니다. 바르게 계산하면 얼마입니까?

                                           [답]

☕ 확인 학습

✿ 이름 :

✿ 날짜 :

✿ 시간 :   시   분 ~   시   분

확인

◆ 분수 ◆

1 분모가 8인 진분수는 모두 몇 개입니까?

[답]

2 $\dfrac{7}{\square}$ 은 가분수입니다. 분모가 될 수 있는 1보다 큰 숫자를 모두 쓰시오.

[답]

3 ③ , ⑦ , ② 3장의 숫자 카드를 한 번씩 사용하여 만들 수 있는 대분수를 모두 쓰시오.

[답]

4 대분수는 가분수로, 가분수는 대분수로 나타내어 보시오.

(1) $3\dfrac{2}{3}$ ➡ (   )   (2) $2\dfrac{4}{9}$ ➡ (   )

(3) $\dfrac{9}{4}$ ➡ (   )   (4) $\dfrac{25}{7}$ ➡ (   )

5 두 분수의 크기를 비교하여 ○ 안에 >, <를 알맞게 써넣으시오.

(1) $\dfrac{12}{8}$ ○ $\dfrac{9}{8}$

(2) $3\dfrac{1}{4}$ ○ $2\dfrac{1}{4}$

(3) $4\dfrac{3}{6}$ ○ $4\dfrac{4}{6}$

(4) $\dfrac{10}{7}$ ○ $1\dfrac{5}{7}$

6 크기가 작은 분수부터 차례로 쓰시오.

$$1\dfrac{5}{10} \qquad \dfrac{21}{10} \qquad 1\dfrac{7}{10}$$

[답]

7 미선이는 우유를 하루에 $\dfrac{1}{5}$L씩 7월 한 달 동안 매일 마셨습니다. 미선이가 마신 우유의 양을 대분수로 나타내시오.

[답]

8 분모가 9인 분수 중에서 $\dfrac{25}{9}$보다 크고 $3\dfrac{2}{9}$보다 작은 가분수는 모두 몇 개입니까?

[답]

★ 날짜 :

★ 시간 :   시   분 ~   시   분

◆ 소수 ◆

1 ㉠과 ㉡에 알맞은 소수를 쓰고 읽어 보시오.

(1)
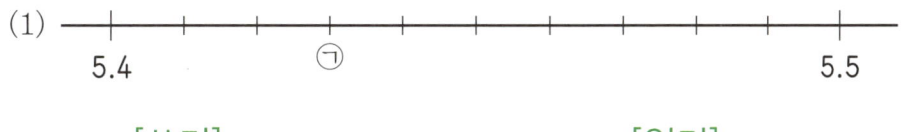

[쓰기]   [읽기]

(2)
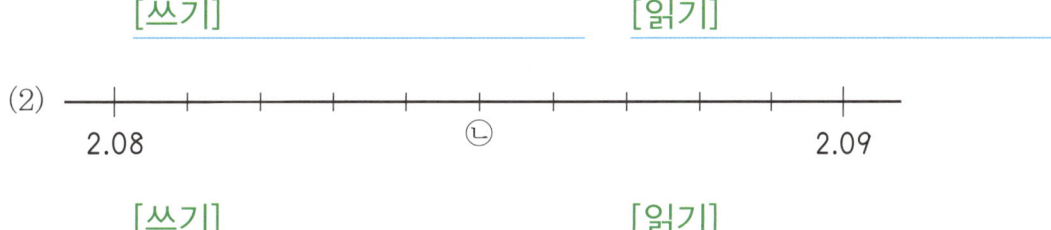

[쓰기]   [읽기]

2 □ 안에 알맞은 수를 써넣으시오.

(1) 1이 24개, 0.1이 3개, 0.01이 4개인 수는 ☐ 입니다.

(2) 10이 5개, $\frac{1}{100}$이 6개, $\frac{1}{1000}$이 9개인 수는 ☐ 입니다.

3 □ 안에 알맞은 수를 써넣으시오.

(1) 26.3의 $\frac{1}{10}$배는 ☐ 이고 $\frac{1}{100}$배는 ☐ 입니다.

(2) 600은 0.6의 ☐ 배이고 0.06은 6의 $\frac{1}{☐}$ 배입니다.

4 소수에서 생략할 수 있는 숫자를 찾아 /로 지우시오.

> 0.060   4.002   1.570   3.02   0.100

5 소수로 나타내었을 때 가장 작은 수에 △표, 가장 큰 수에 ○표 하시오.

> $\dfrac{1308}{100}$ 10.007   1.84 $10\dfrac{1}{10}$

6 집에서 공항까지의 거리는 5180m입니다. 집에서 공항까지의 거리는 몇 km인지 소수로 나타내어 보시오.

[답] _____

7 현선이는 색 테이프를 0.45m 가지고 있고 기호는 현선이가 가지고 있는 색 테이프의 10배를 가지고 있습니다. 기호가 가지고 있는 색 테이프의 길이는 몇 m입니까?

[답] _____

★ 이름 :

★ 날짜 :

★ 시간 :   시   분 ~   시   분

확인

◆ 규칙 찾기 ◆

1 그림과 같이 쌓기나무를 놓을 때 **6**째 번에는 쌓기나무를 몇 개 놓아야 합니까?

[답]

2 그림과 같이 구슬을 놓을 때 **8**째 번에는 구슬을 몇 개 놓아야 합니까?

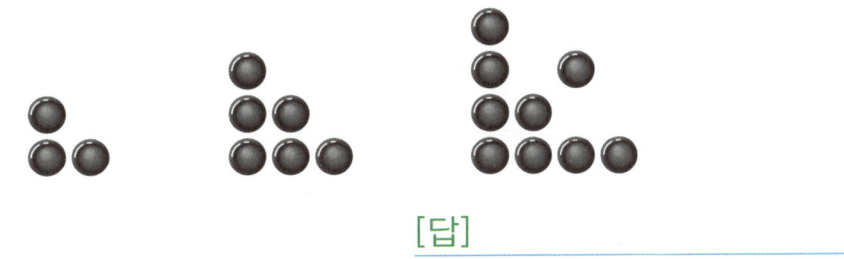

[답]

3 그림과 같이 성냥개비로 벌집 모양을 만들었습니다. 성냥개비 **41**개로 만들 수 있는 벌집 모양의 수를 구하시오.

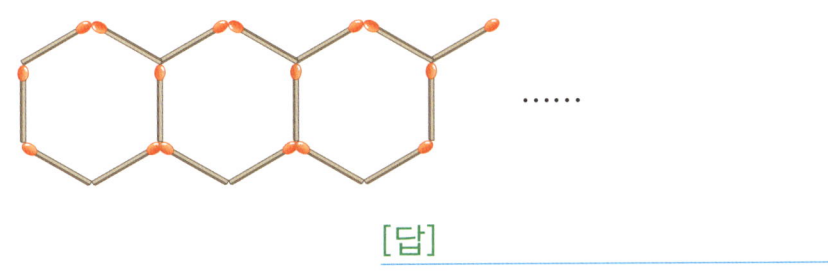

......

[답]

확인 학습

4 밀기, 뒤집기, 돌리기의 방법을 이용하여 주어진 모양으로 여러 가지 무늬를 만들어 보시오.

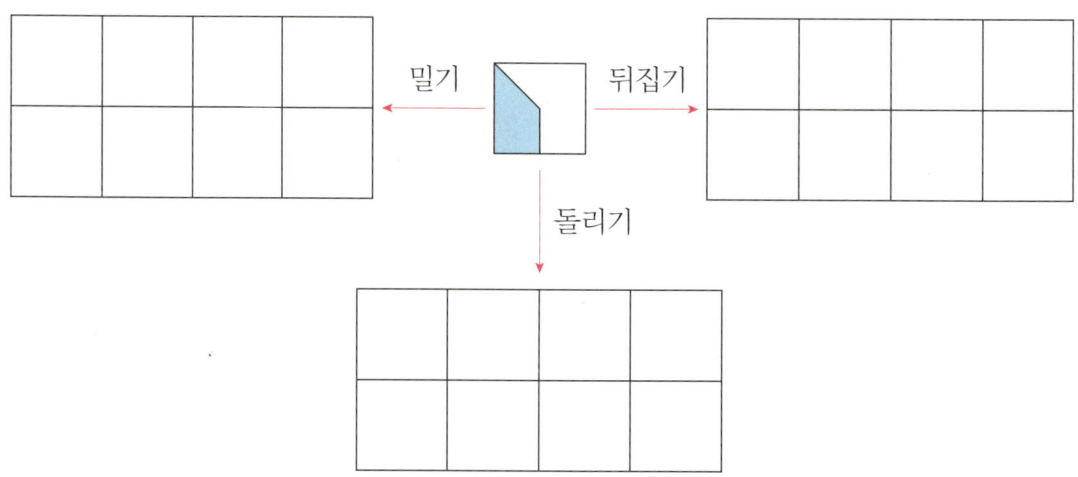

5 오른쪽 무늬는 주어진 모양을 밀기, 뒤집기, 돌리기 중에서 어떤 방법을 이용하여 만든 것인지 쓰시오.

(1)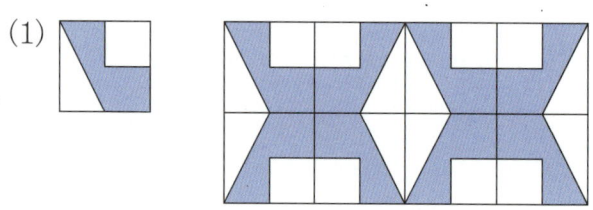

[답] _____

(2)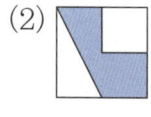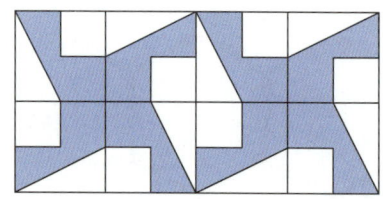

[답] _____

 확인 학습

✿ 이름 :

✿ 날짜 :

✿ 시간 :　　시　　분~　　시　　분

확인

🌐 창의력 학습

소수의 크기 비교를 바르게 한 학생들만 모으면 어떤 말이 만들어집니까?

[답]

선생님과 학생들이 규칙 알아맞히기 놀이를 하고 있습니다. 선생님의 규칙은 무엇입니까?

> 영민이가 '닭'이라고 말하면 선생님은 1이라고 답하시고 정연이가 '호랑이'라고 말하면 선생님은 3이라고 답하셨습니다. 또 영수가 '사슴'이라고 말하자 선생님은 2라고 답하셨습니다.

[규칙]

창의력 학습

★ 이름 :

★ 날짜 :

★ 시간 : 시 분~ 시 분

확인

➕ 경시대회 예상문제

1 큰 수부터 차례로 기호를 쓰시오.

> ㉠ 팔십구조 오천억 오천만
> ㉡ 8억 500만의 10000배
> ㉢ 천억이 81개인 수

[답]

2 0에서 4까지의 숫자를 각각 두 번씩 사용하여 만들 수 있는 열 자리 수 중에서 둘째로 큰 수와 둘째로 작은 수를 각각 구하시오.

[답]

3 940에 어떤 수를 곱해야 하는데 잘못하여 어떤 수로 나누었더니 몫이 13이고 나머지가 56이었습니다. 바르게 계산하면 얼마인지 풀이 과정을 쓰고 답을 구하시오.

[답]

4 그림과 같이 직사각형 모양의 종이를 접었습니다. ㉠은 몇 도입니까?

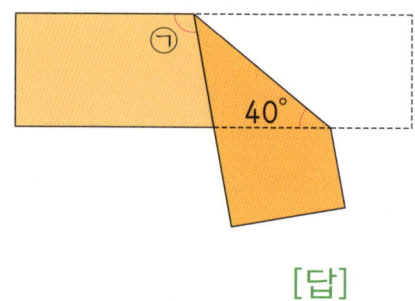

[답]

서술형·논술형

5 오른쪽 그림과 같이 이등변삼각형 ㄱㄴㄷ의 세 변의 길이의 합은 정삼각형 ㄹㄴㄷ의 세 변의 길이의 합의 2배입니다. 변 ㄱㄴ의 길이는 몇 cm인지 풀이 과정을 쓰고 답을 구하시오.

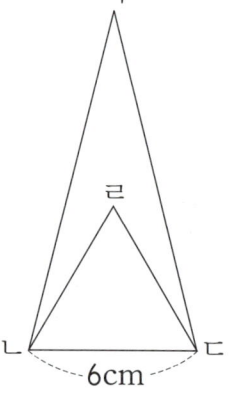

[답]

6 그림에서 변 ㄱㄴ과 변 ㄱㅁ의 길이가 같을 때 각 ㄴㄹㄷ은 몇 도인지 구하고 삼각형 ㄹㄴㄷ은 어떤 삼각형인지 쓰시오.

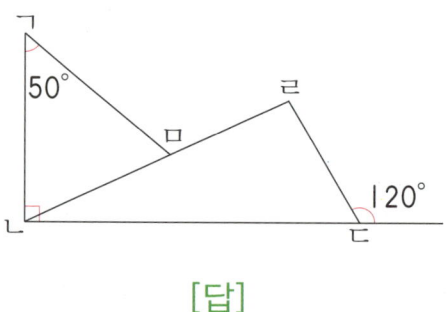

[답]

7 등식이 성립하도록 ☐ 안에 알맞은 수를 써넣으시오.

$$\{8 \times (70 - \boxed{}) - 6\} \div 14 + 5 = 40$$

8 등식이 성립하도록 1, 2, 4, 7, 8의 수를 ☐ 안에 한 번씩만 써넣으시오.

$$\boxed{} \div \boxed{} + \boxed{} - \boxed{} \times \boxed{} = 1$$

9 어떤 가분수의 분자를 분모 3으로 나누었더니 몫이 4이고 나머지가 있었습니다. 이 가분수가 될 수 있는 수를 모두 구하시오.

[답] _____

10 $\boxed{1}$, $\boxed{6}$, $\boxed{4}$, $\boxed{9}$, $\boxed{3}$ 의 5장의 숫자 카드 중에서 3장을 사용하여 만들 수 있는 대분수 중에서 둘째로 작은 수를 구하시오.

[답] _____

11 어느 마라톤 대회에서 선수들을 위해 반환점에서 0.07km와 0.09km인 지점에 각각 음료수대를 설치하고 두 음료수대 사이에 4개의 음료수대를 똑같은 간격으로 더 설치했습니다. 물음에 답하시오.

(1) 문제에 맞게 음료수대의 위치를 수직선에 점(•)으로 나타내어 보시오.

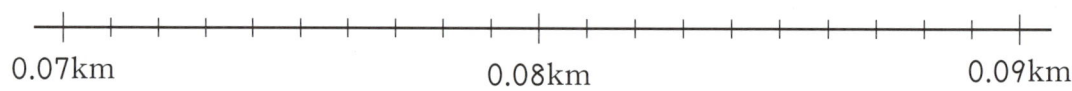

0.07km   0.08km   0.09km

(2) 반환점에서 넷째 번 음료수대의 위치는 반환점에서 몇 km 떨어져 있습니까?

[답]

12 그림과 같이 바둑돌을 늘어놓을 때 7째 번에 놓을 흰색 바둑돌과 검은색 바둑돌의 개수의 차를 구하시오.

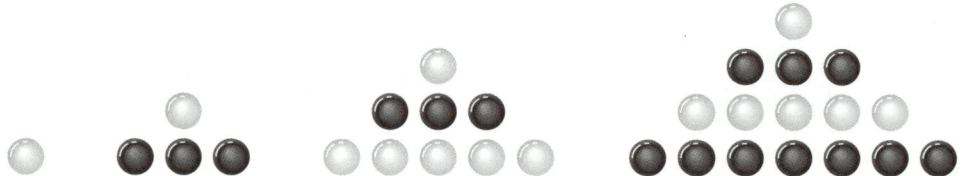

[답]

☐ 20~18문항 : Ⓐ 아주 잘함   학습한 교재에 대한 성취도가 매우 높습니다. ➡ 다음 단계인 H4로 진행하십시오.
☐ 17~15문항 : Ⓑ 잘함   학습한 교재에 대한 성취도가 충분합니다. ➡ 다음 단계인 H4로 진행하십시오.
☐ 14~12문항 : Ⓒ 보통   다음 단계로 나가는 능력이 약간 부족합니다. ➡ H3을 복습한 다음 H4로 진행하십시오.
☐ 11문항 이하 : Ⓓ 부족함   다음 단계로 나가기에는 능력이 아주 부족합니다. ➡ H3을 처음부터 다시 학습하십시오.

1 4953210783652071을 보고 ☐ 안에 알맞은 수나 말을 써넣으시오.

(1) 9는 [ ] 의 자리 숫자이고 [   ] 를 나타냅니다.

(2) 조가 [   ] 개, 억이 [   ] 개, 만이 [   ] 개, 일이 [   ] 개
인 수입니다.

2 뛰어서 세는 규칙에 맞게 빈곳에 알맞은 수를 써넣으시오.

(1) 750000 — 850000 — 950000 — [   ] — [   ]

(2) 7000억 — 8000억 — 9000억 — [   ] — [   ]

3 0에서 9까지의 숫자 중에서 ☐ 안에 들어갈 수 있는 숫자를 모두 쓰시오.

4056756821340 < 4056☐81226907

[답]

4 다음을 계산하시오.

(1)
```
    7 3 6
  ×   6 4
```

(2)
```
    2 0 4 5
  ×     8 7
```

(3)
```
53)4 4 3
```

(4)
```
49)8 4 0
```

5 ☐ 안에 알맞은 숫자를 써넣으시오.

(1)
```
        5 8 □
  ×       □ 6
  ─────────────
      □ 4 9 8
    2 3 □ 2
  ─────────────
    2 □ □ 1 8
```

(2)
```
              □ □
      □ 9 ) □ 2 2
            7 6
          ─────────
          1 □ □
          1 5 □
          ─────────
            □ 0
```

6 각의 크기를 재어 ☐ 안에 써넣고 주어진 선분을 이용하여 크기가 같은 각을 그려 보시오.

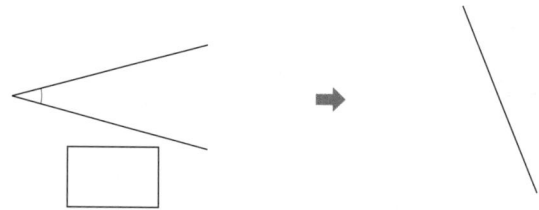

7 □ 안에 알맞은 수를 써넣으시오.

(1)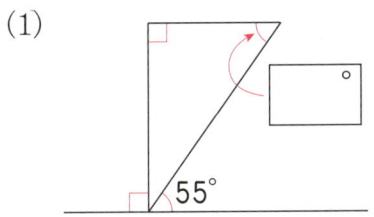

(2)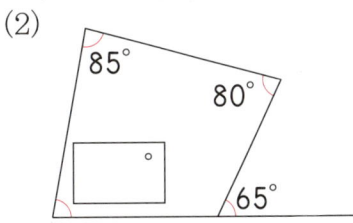

8 삼각자를 이용하여 □ 안에 알맞은 수를 써넣으시오.

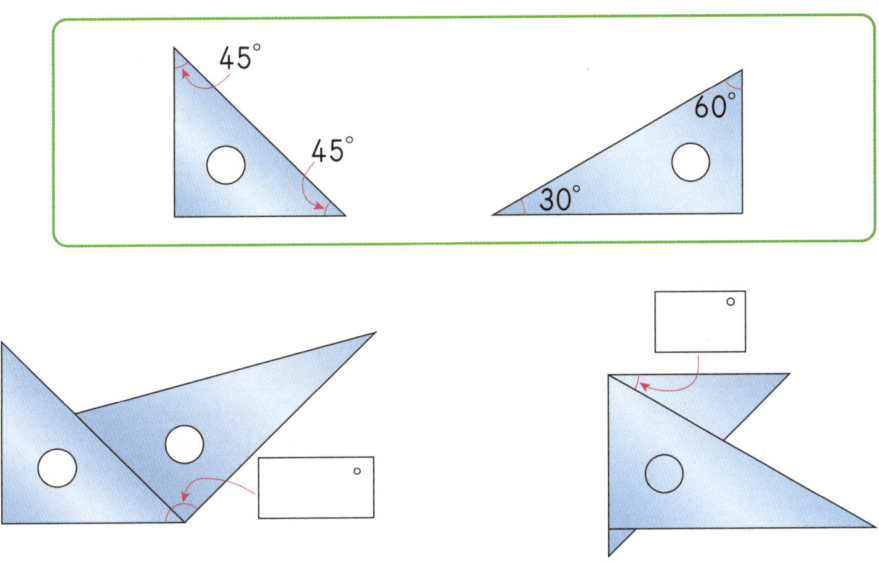

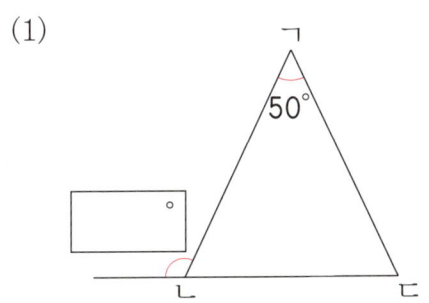

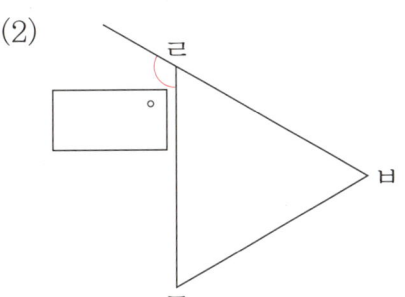

9 삼각형 ㄱㄴㄷ은 이등변삼각형이고 삼각형 ㄹㅁㅂ은 정삼각형입니다. □ 안에 알맞은 수를 써넣으시오.

(1)

(2)

10 다음 중 예각과 둔각은 각각 몇 개입니까?

110°	90°	40°	30°	165°
57°	150°	200°	145°	120°

[예각] _____

[둔각] _____

11 직사각형 모양의 종이를 점선을 따라 오려서 여러 개의 삼각형을 만들었습니다. 예각삼각형과 둔각삼각형을 모두 찾아 쓰시오.

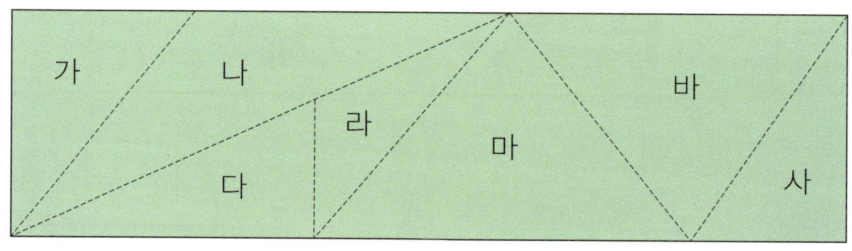

[예각삼각형] _____

[둔각삼각형] _____

12 다음을 계산하시오.

(1) $30 \div \{13 - (5+3)\} + 2 \times 5 - 6$

(2) $(64 - 26) \div 2 \times \{50 - (13 + 10) - 7\} \div 5$

13 등식이 성립하도록 알맞은 곳에 ( ) 표시를 하시오.

$$18 + 7 - 5 \times 30 \div 5 = 30$$

14 진분수, 가분수, 대분수를 알아보려고 합니다. 다음 물음에 답하시오.

(1) 분모가 9인 진분수를 3개 쓰시오.

[답]

(2) 분모가 8인 가분수를 3개 쓰시오.

[답]

(3) 분모가 7인 대분수를 3개 쓰시오.

[답]

15 대분수는 가분수로, 가분수는 대분수로 나타내어 보시오.

(1) $4\frac{3}{4}$ ➡ (   )   (2) $3\frac{3}{10}$ ➡ (   )

(3) $\frac{19}{2}$ ➡ (   )   (4) $\frac{25}{12}$ ➡ (   )

16 크기가 큰 분수부터 차례로 쓰시오.

$$1\frac{3}{5} \qquad \frac{7}{5} \qquad 1\frac{1}{5} \qquad \frac{9}{5}$$

[답]

17 6.817을 보고 □ 안에 알맞은 수나 말을 써넣으시오.

(1) 7은 [   ]의 자리 숫자이고 [   ]을 나타냅니다.

(2) 1이 □개, 0.1이 □개, 0.01이 □개, 0.001이 □개인 수입니다.

18 두 수의 크기를 비교하여 ○ 안에 >, =, <를 알맞게 써넣으시오.

(1) 2.34의 100배인 수 ◯ 234의 $\frac{1}{10}$배인 수

(2) 0.04의 10배인 수 ◯ 40의 $\frac{1}{100}$배인 수

19 그림과 같이 쌓기나무를 놓을 때, 5째 번에는 쌓기나무를 몇 개 놓아야 합니까?

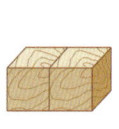 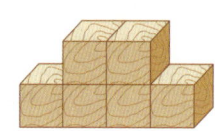 

[답]

20 주어진 모양을 밀기, 뒤집기, 돌리기의 방법을 이용하여 새로운 무늬를 만들어 보시오.

 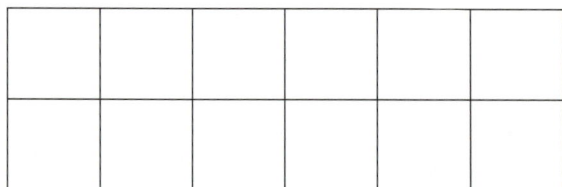

사고력도 탄탄! 창의력도 탄탄!

기탄사고력수학 해답

H121a~H180b

해답은 따로 보관하고 있다가
채점할 때 사용해 주세요.

121a~121b

1 $\frac{6}{100}$, 0.06, 영점 영육

2 0.03
   풀이 한 칸은 0.01을 나타내고, 3칸이 색칠되어 있으므로 색칠한 부분은 0.03을 나타냅니다.

3 0.09
   풀이 한 칸은 0.01을 나타내고, 9칸이 색칠되어 있으므로 색칠한 부분은 0.09를 나타냅니다.

4 0.05, 영점 영오 / 0.07, 영점 영칠 / 0.08, 영점 영팔

5 (왼쪽부터) 0.02, 0.04, 0.09
   풀이 작은 눈금 한 칸의 크기는 0.01을 나타냅니다.

6 4, 4 / 6, 6 / 7, 7

122a~122b

1 $\frac{44}{100}$, 0.44, 영점 사사

2 $\frac{85}{100}$, 0.85, 영점 팔오

3 0.24
   풀이 한 칸은 0.01을 나타내고, 24칸이 색칠되어 있으므로 색칠한 부분은 0.24를 나타냅니다.

4 0.93
   풀이 한 칸은 0.01을 나타내고, 93칸이 색칠되어 있으므로 색칠한 부분은 0.93을 나타냅니다.

5 0.28

6 4.16

7 영점 팔삼

8 이점 칠구

123a~123b

1 (왼쪽부터) 0.06, 0.14
   풀이 작은 눈금 한 칸의 크기는 0.01을 나타냅니다.

2 (왼쪽부터) 0.37, 0.42
   풀이 작은 눈금 한 칸의 크기는 0.01을 나타냅니다.

3 28, 28

4 54, 54

5 219, 219

6 0.57
   풀이 $0.5+0.07=0.57$

7 4.86
   풀이 $4+0.8+0.06=4.86$

8 9.09
   풀이 $9+0.09=9.09$

9 12.39
   풀이 $12+0.3+0.09=12.39$

10 0.63

11 2.87

12 5.08

124a~124b

1 1, 7, 3, 8
   풀이 $17.38=10+7+0.3+0.08$이므로 10이 1개, 1이 7개, 0.1이 3개, 0.01이 8개인 수입니다.

2 3, 3, 2, 9
   풀이 $33.29=30+3+0.2+0.09$이므로 10이 3개, 1이 3개, 0.1이 2개, 0.01이 9개인 수입니다.

3 5, 4, 8, 6
   풀이 $54.86=50+4+0.8+0.06$이므로 10이 5개, 1이 4개, 0.1이 8개, 0.01이 6개인 수입니다.

4 1, 2, 5, 6

풀이 125.06＝100＋20＋5＋0.06이므로 100이 1개, 10이 2개, 1이 5개, 0.01이 6개인 수입니다.

5 4

풀이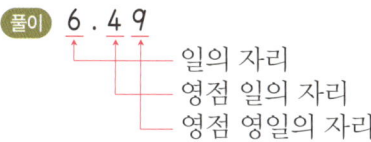
일의 자리
영점 일의 자리
영점 영일의 자리

6 0.08

풀이 8은 영점 영일의 자리 숫자이므로 나타내는 수는 0.08입니다.

7 ④

풀이 영점 일의 자리 숫자를 찾아보면
① 0.56 ➡ 5
② 1.27 ➡ 2
③ 5.42 ➡ 4
④ 2.81 ➡ 8
⑤ 7.64 ➡ 6

8 4.91

풀이 100cm＝1m이므로
491cm＝4.91m

9 0.68

풀이 100cm＝1m이므로
68cm＝0.68m

125a~125b

1

분수	소수	
	쓰기	읽기
$\frac{6}{1000}$	0.006	영점 영영육
$\frac{49}{1000}$	0.049	영점 영사구
$\frac{253}{1000}$	0.253	영점 이오삼
$\frac{1472}{1000}$	1.472	일점 사칠이

2 1000, 0.001, $\frac{3}{1000}$, 0.003

3 0.057

풀이 작은 눈금 한 칸의 크기는 0.001을 나타냅니다.

4 0.846

풀이 작은 눈금 한 칸의 크기는 0.001을 나타냅니다.

5 4.214

풀이 작은 눈금 한 칸의 크기는 0.001을 나타냅니다.

126a~126b

1 영점 영영칠

2 영점 영육삼

3 영점 삼이팔

4 육점 일구오

5 58, 58

6 927, 927

7 2164, 2164

8 ㉢

풀이 ㉢ $\frac{24}{1000}$＝0.024

9 0.508

10 4.712

11 6, 8, 2, 5

풀이 6.825＝6＋0.8＋0.02＋0.005이므로 1이 6개, 0.1이 8개, 0.01이 2개, 0.001이 5개인 수입니다.

12 3, 5, 9, 2

풀이 3.592＝3＋0.5＋0.09＋0.002이므로 1이 3개, 0.1이 5개, 0.01이 9개, 0.001이 2개인 수입니다.

※해답은 따로 보관하고 있다가 채점할 때 사용해 주세요.

127a~127b

1 2

풀이

2 6

풀이

3 0.04

풀이 숫자 4는 영점 영일의 자리 숫자이므로 0.04를 나타냅니다.

4 $8.276=8+0.2+0.07+0.006$
$59.185=50+9+0.1+0.08+0.005$

5 48.726

풀이 $48+0.7+0.026=48.726$

6 35.087

풀이 $\dfrac{1}{100}=0.01$, $\dfrac{1}{1000}=0.001$이므로

$\dfrac{1}{100}$이 8개이면 0.08,

$\dfrac{1}{1000}$이 7개이면 0.007입니다.

$30+5+0.08+0.007=35.087$

7 0.062

풀이 1000m=1km이므로
62m=0.062km

8 0.947

풀이 1000m=1km이므로
947m=0.947km

9 8.614

풀이 1000m=1km이므로
8614m=8.614km

10 ㉢

풀이 ㉠ $\dfrac{715}{1000}=0.715$이므로 영점 영일

의 자리 숫자는 1입니다.

㉡ $4+0.5+0.09+0.007=4.597$이므로 영점 영일의 자리 숫자는 9입니다.

㉢ 0.074이므로 영점 영일의 자리 숫자는 7입니다.

128a~128b

1 (왼쪽부터) 0.038, 0.38, 38, 380

풀이 3.8의 $\dfrac{1}{100}$배 ➡ 0.038

3.8의 $\dfrac{1}{10}$배 ➡ 0.38

3.8의 10배 ➡ 38

3.8의 100배 ➡ 380

2

0.006	0.06	0.6	6	60
0.074	0.74	7.4	74	740

풀이 • 0.6의 $\dfrac{1}{100}$배 ➡ 0.006

0.6의 $\dfrac{1}{10}$배 ➡ 0.06

0.6의 10배 ➡ 6

0.6의 100배 ➡ 60

• 7.4의 $\dfrac{1}{100}$배 ➡ 0.074

7.4의 $\dfrac{1}{10}$배 ➡ 0.74

7.4의 10배 ➡ 74

7.4의 100배 ➡ 740

3 0.4, 0.04

4 0.29, 0.029

5 7, 70

6 19.52, 195.2

7 0.008, 8

풀이 0.8의 $\dfrac{1}{100}$배 ➡ 0.008

0.8의 10배 ➡ 8

8 0.145, 145

풀이 1.45의 $\frac{1}{10}$배 ➡ 0.145

1.45의 100배 ➡ 145

9 0.231, 231

풀이 23.1의 $\frac{1}{100}$배 ➡ 0.231

23.1의 10배 ➡ 231

129a~129b

1 1.50, 0.340

풀이 소수점 아래 끝자리 수가 0이면 생략할 수 있으므로 1.50, 0.340입니다.

2 ④

풀이 소수점 아래 끝자리 수가 0이면 생략할 수 있습니다.

➡ ④ 8.450

3 1000

4 100

5 10

6 100

7 1000

8 1000배

풀이 ㉠의 숫자 4는 일의 자리 숫자이므로 4를 나타내고, ㉡의 숫자 4는 영점 영영일의 자리 숫자이므로 0.004를 나타냅니다.

4는 0.004의 1000배입니다.

9 0.72

풀이 어떤 수의 $\frac{1}{10}$배가 0.072이므로 어떤 수는 0.072의 10배입니다.

따라서 어떤 수는 0.72입니다.

130a~130b

1 <

2 예
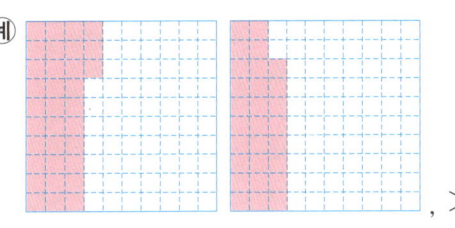
, >

3 >   **4** <

5 <   **6** >

7 >   **8** >

9 >   **10** <

11 <   **12** <

13 <   **14** >

131a~131b

1
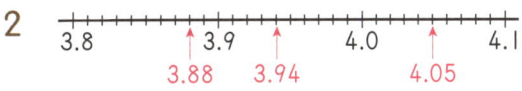

2.254   2.261

<

2

3.88   3.94   4.05

3.88, 3.94, 4.05

3

4.998 5.003   5.012

4.998, 5.003, 5.012

4 0.091, 0.102, 0.12

5 4.2, 4.03, 4.007, 0.48

6 ㉠

풀이 ㉠ 382의 $\frac{1}{100}$배 → 3.82

㉡ 0.347의 10배 → 3.47

➡ ㉠ 3.82 > ㉡ 3.47

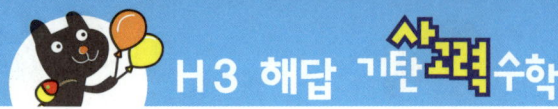
132a~132b

1 은주
　풀이 4.917 > 4.825이므로 은주의 테이프가 더 깁니다.

2 약수터
　풀이 2.108 > 2.09이므로 약수터가 더 가깝습니다.

3 은설
　풀이 1.5 > 1.25 > 1.18이므로 은설이가 우유를 가장 많이 마십니다.

4 지훈, 정웅, 희원, 미선
　풀이 1.1 > 1.055 > 0.97 > 0.905

5 승제
　풀이 승제가 만든 수 :
60+9+0.4+0.08=69.48
민성이가 만든 수 :
60+9+0.4+0.008=69.408
➡ 69.48>69.408이므로 승제가 만든 수가 더 큽니다.

6 0, 1, 2, 3
　풀이 42.5□8<42.542에서 □8<42이므로 □ 안에는 0, 1, 2, 3이 들어갈 수 있습니다.

133a~133b　창의력 학습

a 385.5g / 305g
　풀이 배 1개의 무게 :
3855g의 $\frac{1}{10}$ 배이므로 385.5g
사과 1개의 무게 :
3050g의 $\frac{1}{10}$ 배이므로 305.0g

b 토끼
　풀이 토끼 : 5.430은 소수 끝자리 숫자가 0이므로 생략하여 5.430=5.43으로 나타낼 수 있습니다.

134a~135b　경시대회 예상문제

1 24개
　풀이 $0.75 < \frac{□}{100} < 1$
➡ $\frac{75}{100} < \frac{□}{100} < \frac{100}{100}$
➡ 75<□<100이므로 □ 안에 들어갈 수 있는 자연수는 76, 77, 78, ……, 99의 24개입니다.

2 30.578
　풀이 카드를 한 번씩 모두 사용하여 만들 수 있는 소수 세 자리 수의 형태는 □□.□□□이고 십의 자리에는 0이 올 수 없으므로 만들 수 있는 가장 작은 소수 세 자리 수는 30.578입니다.

3 1.741km
　풀이 공원을 지나 도서관까지의 거리는
953+788=1741(m)
1000m=1km이므로
1741m=1.741km입니다.

4

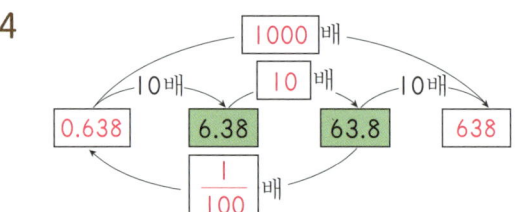

5 1이 32개, 0.1이 48개인 수
➡ 36.8
36.8은 0.368의 100배이므로 0.368은 36.8의 $\frac{1}{100}$ 배입니다.

[답] $\frac{1}{100}$ 배

평가 기준	
상	1이 32개, 0.1이 48개인 수를 구하고 0.368이 몇 배인지 구한 경우
중	1이 32개, 0.1이 48개인 수를 구했으나 0.368이 몇 배인지 구하지 못한 경우
하	풀이 과정과 답을 모두 구하지 못한 경우

6 1.296
　풀이 진주가 생각한 수 : 12.96

※해답은 따로 보관하고 있다가 채점할 때 사용해 주세요.

경철이가 생각한 수 : 12.96의 $\frac{1}{10}$ 배

➡ 1.296

7 0.843

풀이 어떤 수의 10배가 8430이므로 어떤 수는 843이고, 843의 $\frac{1}{1000}$ 배는 0.843입니다.

8 서정

풀이 서정이가 딴 밤 : 32.8kg
현상이가 딴 밤 : 31.97kg
32.8>31.97이므로 서정이가 더 많이 땄습니다.

9 모두 km로 바꾸어 생각하면
성욱 0.375km, 수정 0.352km,
경민 0.39km, 미송 0.349km입니다.
0.39>0.375>0.352>0.349이므로
경민이가 가장 긴 거리를 달렸습니다.
[답] 경민

평가 기준	
상	단위를 통일하여 바꾸고 크기를 비교하여 답을 구한 경우
중	단위는 통일했으나 답을 구하지 못한 경우
하	풀이 과정과 답을 모두 구하지 못한 경우

10 7.495

풀이 일의 자리 숫자가 7, 영점 일의 자리 숫자가 4, 영점 영영일의 자리 숫자가 5인 소수 세 자리 수는 7.4□5이고 이중 가장 큰 수는 7.495입니다.

11 2.724, 2.861

풀이 2.35<2.64<2.7<2.724<2.861 <2.9<2.912

12 0, 9, 9

풀이 48.1㉠8<48.10㉡에서
㉠=0, ㉡=9입니다.
48.109<4㉢.005에서 ㉢=9입니다.

136a~136b

1 1, 3, 5

2 2, 2

풀이 쌓기나무가 앞의 것보다 2개씩 많아집니다.

3 7개

풀이 1 ⤳ 3 ⤳ 5
　　 +2　+2

4째 번 : 5+2=7(개)

4 9개

풀이 5째 번 : 7+2=9(개)

5 1, 4, 9

6 1, 1 / 2, 2 / 3, 3

풀이 바둑돌이 1×1, 2×2, 3×3의 규칙으로 늘어나거나 앞의 것보다 3개, 5개, 7개, ……씩 많아지는 규칙입니다.

7 16개

풀이 4째 번 : 4×4=16(개)

8 25개

풀이 5째 번 : 5×5=25(개)

137a~137b

1 2개

풀이 야구공이 1개에서 3개로 2개 많아졌습니다.

2 3개

풀이 야구공이 3개에서 6개로 3개 많아졌습니다.

3 2, 3, 4

풀이 야구공이 앞의 것보다 2개, 3개, 4개씩 많아지고 있습니다.

4 15개

풀이 5째 번 : 10+5=15(개)

5 4개

6 7개

풀이 만들어진 사각형에 성냥개비 3개를 더 놓아서 사각형을 1개 더 만들 수 있습니다.

※해답은 따로 보관하고 있다가 채점할 때 사용해 주세요.

7 3개

8 22개

풀이 4＋3＋3＋3＋3＋3＋3＝22(개)

138a~138b

1 2, 4, 6, 8 / 2×1, 2×2, 2×3, 2×4

풀이 구슬이 앞의 것보다 2개씩 많아집니다.

2 1, 3, 5, 7 / 2, 2, 2

풀이 쌓기나무가 앞의 것보다 2개씩 많아집니다.

3 1, 3, 5, 7 / 2, 2, 2

풀이 야구공이 앞의 것보다 2개씩 많아집니다.

4 (1) 1　3　6　10
　　　　＋2 ＋3 ＋4

(2) 21개

풀이 (2) 6째 번 :
1＋2＋3＋4＋5＋6＝21(개)

5 (1) 4　8　12
　　　　＋4 ＋4

(2) 32개

풀이 (2) 4＋4＋4＋4＋4＋4＋4＋4＝32(개)

139a~139b

1 1　3　5　7
　　＋2 ＋2 ＋2

풀이 쌓기나무가 앞의 것보다 2개씩 많아집니다.

2 1　5　9　13
　　＋4 ＋4 ＋4

풀이 구슬이 앞의 것보다 4개씩 많아집니다.

3 3　5　7　9 ……
　　＋2 ＋2 ＋2 ……

풀이 만들어진 삼각형에 성냥개비 2개를 더 놓아서 삼각형을 1개 더 만들 수 있습니다.

4 21개

풀이 3　6　9　12　15　18　21
　　　＋3 ＋3 ＋3 ＋3 ＋3 ＋3

5 36개

풀이 1　4　9　16　25　36
　　　＋3 ＋5 ＋7 ＋9 ＋11

6 28개

풀이 1　4　7　10　13　16　19
　　　＋3 ＋3 ＋3 ＋3 ＋3 ＋3
　　22　25　28
　　　＋3 ＋3 ＋3

140a~140b

1 2개

풀이 야구공이 1개에서 3개로 2개 많아졌습니다.

2 3개

풀이 야구공이 3개에서 6개로 3개 많아졌습니다.

3 4개

풀이 야구공이 6개에서 10개로 4개 많아졌습니다.

4 2, 3, 4

풀이 야구공이 3개에서 6개로 3개 많아졌습니다.

5 3

6 예 사랑이가 말한 수에 3을 더하는 규칙입니다.

7 21

풀이 사랑이가 말한 수에 3을 더하는 규칙이므로 사랑이가 18이라고 하면 민규는 18＋3＝21이라고 답을 할 것입니다.

※해답은 따로 보관하고 있다가 채점할 때 사용해 주세요.

141a~141b

1 2개

2 ㉠ 바둑돌이 2개씩 많아지는 규칙입니다.

3 11개

풀이 1 3 5 7 9 11
+2 +2 +2 +2 +2

4 1, 1 / 2, 2 / 3, 3 / 4, 4

5 ㉠ 쌓기나무가 3개, 5개, 7개, ……씩 많아지는 규칙입니다.

6 64개

풀이 첫째 : $1 \times 1 = 1$(개)
둘째 : $2 \times 2 = 4$(개), 셋째 : $3 \times 3 = 9$(개),
넷째 : $4 \times 4 = 16$(개), ……,
8째 : $8 \times 8 = 64$(개)
또는
1 4 9 16 25 36 49 64
+3 +5 +7 +9 +11 +13 +15
로 생각할 수도 있습니다.

142a~142b

1 (1) ㉠ 경훈이가 말한 수에 5를 곱하는 규칙입니다.
(2) 30
풀이 (2) $6 \times 5 = 30$

2 ㉠ 성현이가 말한 수에 2를 더하는 규칙입니다.

3 (1) ㉠ 벌집 모양을 1개 더 만드는 데 성냥개비가 5개씩 늘어나는 규칙입니다.
(2) 41개
풀이 (2) $6+5+5+5+5+5+5+5$
$=41$(개)

4 (1) ㉠ 사각형을 1개 더 만드는 데 성냥개비가 3개씩 늘어나는 규칙입니다.
(2) 37개
풀이 (2) $4+3 \times 11 = 37$(개)

143a~143b

1 (1) ㉠ 쌓기나무가 4개, 6개, ……씩 많아지는 규칙입니다.
(2) 29개
풀이 (2) 1 5 11 19 29
+4 +6 +8 +10

2 (1) ㉠ 구슬이 4개씩 많아지는 규칙입니다.
(2) 80개
풀이 (2) $4+4 \times 19 = 4+76 = 80$(개)

3 (1) ㉠ 유진이가 말한 수를 2로 나누는 규칙입니다.
(2) 40
풀이 (2) 유진이가 말한 수를 2로 나눈 수가 20이므로 유진이가 말한 수는 40입니다.

4 (1) ㉠ 삼각형이 3개, 5개, ……씩 많아지고 성냥개비는 6개, 9개, ……씩 많아지는 규칙입니다.
(2) 30개
풀이 (2) 넷째 번 모양은 다음과 같습니다.

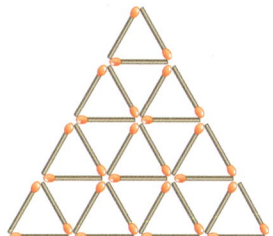

따라서 필요한 성냥개비의 수는 30개입니다.
또는
3 9 18 30
+6 +9 +12
이므로 넷째 번 모양을 만드는 데 필요한 성냥개비의 수는 30개입니다.

144a~144b

1

※해답은 따로 보관하고 있다가 채점할 때 사용해 주세요.

2

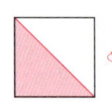 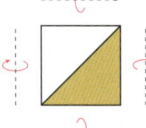 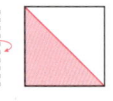

3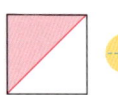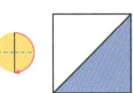

4 ㉣

풀이 ㉠은 주어진 모양을 옆으로 뒤집었을 때 생깁니다.
㉡은 주어진 모양을 위나 아래로 뒤집었을 때 생깁니다.
㉢은 주어진 모양을 오른쪽으로 1직각만큼 돌렸을 때 생깁니다.

5 ( ) ( ) (○)

6 ⑤

풀이 ⑤는 주어진 모양을 위나 아래로 뒤집기 하였을 때 만들어지는 모양입니다.

4 예 밀기, 뒤집기

5 밀기

6 예 밀기, 돌리기

146a~146b

1

2 예

3 예

4

5 예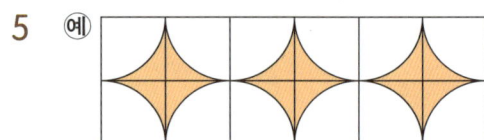

6 예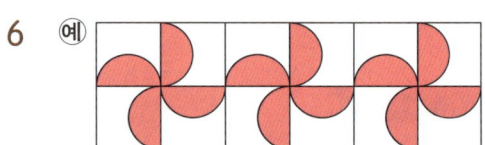

145a~145b

1

2

3

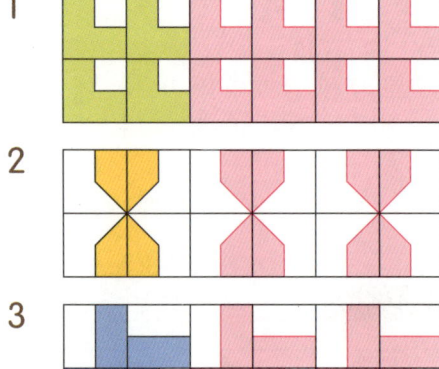

147a~147b

1 예 밀기, 뒤집기

2 밀기

3 예 뒤집기, 돌리기

풀이 주어진 모양을 왼쪽 또는 오른쪽으로 뒤집어서 돌리기 하여 만들 수 있습니다.

4 예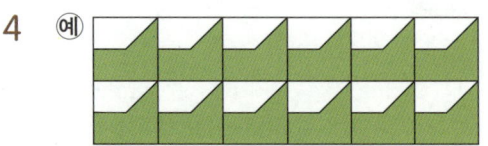

풀이 밀기의 방법을 이용하여 무늬를 만들었습니다.

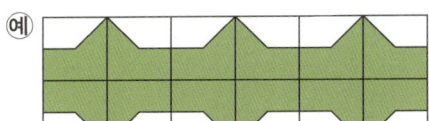

(예)

(풀이) 뒤집기의 방법을 이용하여 무늬를 만들었습니다.

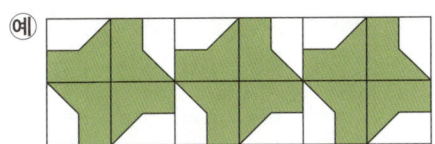

(예)

(풀이) 돌리기의 방법을 이용하여 무늬를 만들었습니다.

5 (예)

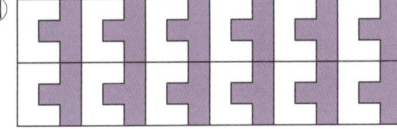

(풀이) 밀기의 방법을 이용하여 무늬를 만들었습니다.

(예)

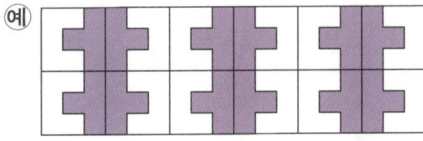

(풀이) 뒤집기의 방법을 이용하여 무늬를 만들었습니다.

(예)

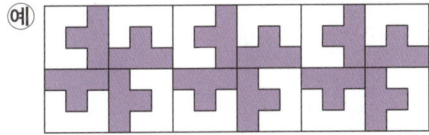

(풀이) 돌리기의 방법을 이용하여 무늬를 만들었습니다.

6 (예)

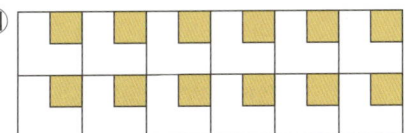

(풀이) 밀기의 방법을 이용하여 무늬를 만들었습니다.

(예)

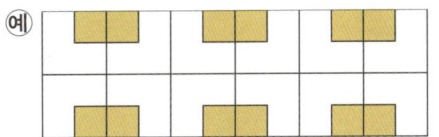

(풀이) 뒤집기의 방법을 이용하여 무늬를 만들었습니다.

(예)

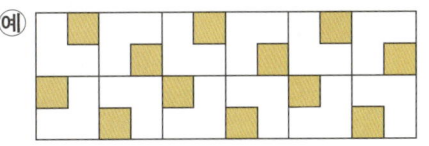

(풀이) 돌리기의 방법을 이용하여 무늬를 만들었습니다.

148a~148b 창의력 학습

a 10개

(풀이) 삼각형을 1개 더 만드는 데 성냥개비가 2개씩 많아지는 규칙입니다.
$3+2+2+2+2+2+2+2+2+2$
$=21$(개)이므로 만들 수 있는 삼각형의 수는 10개입니다.

b 55개, 100개

(풀이) 삼각 수의 규칙은 2개, 3개, 4개, ……씩 많아지는 규칙입니다. 따라서 10째 번에 놓이게 되는 바둑돌의 개수는
$1+2+3+……+10=55$(개)입니다.
사각 수의 규칙은 1×1, 2×2, 3×3, ……씩 놓여지는 규칙입니다. 따라서 10째 번에 놓이게 되는 바둑돌의 개수는
$10\times10=100$(개)입니다.

149a~150b 경시대회 예상문제

1 22, 34

(풀이)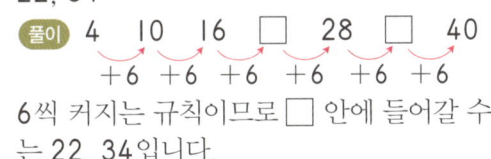

6씩 커지는 규칙이므로 □ 안에 들어갈 수는 22, 34입니다.

2 쌓기나무의 규칙을 수로 나타내면

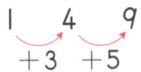

이므로 쌓기나무가 3개, 5개, ……씩 많아지는 규칙입니다. 따라서 8째 번에는
$1+3+5+7+9+11+13+15=64$(개)를 놓아야 합니다.
[답] 64개

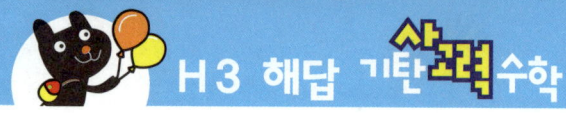
평가 기준	
상	쌓기나무의 규칙을 찾고 답을 구한 경우
중	쌓기나무의 규칙은 찾았으나 답을 구하지 못한 경우
하	풀이 과정과 답을 모두 구하지 못한 경우

3 10개

풀이 사각형을 1개 더 만드는 데 성냥개비가 3개씩 많아지는 규칙입니다.
$4+3+3+3+3+3+3+3+3+3=31$
(개)이므로 만들 수 있는 사각형의 수는 10개입니다.

4 흰색 바둑돌과 검은색 바둑돌을 번갈아 차례로 개수를 1개씩 늘려가며 놓은 것입니다.
$1+2+3+4+5+6+7+8+9=45$이고 1, 3, 5, 7, 9개는 흰색 바둑돌이므로 46째 번부터 55째 번까지 10개의 바둑돌은 검은색입니다. 따라서 50째 번 바둑돌의 색은 검은색입니다.
[답] 검은색

평가 기준	
상	바둑돌을 놓은 규칙을 찾아 답을 구한 경우
중	바둑돌을 놓은 규칙은 찾았으나 답을 구하지 못한 경우
하	풀이 과정과 답을 모두 구하지 못한 경우

5 3개

풀이 빨간 구슬과 파란 구슬이 번갈아 놓이고, 각 줄의 개수는 1, 2, 3, 4개로 한 줄씩 더 놓이는 규칙입니다.
6째 번에 놓을 구슬은 모두 6줄이므로
빨간 구슬 $1+3+5=9$(개)
파란 구슬 $2+4+6=12$(개)
따라서 빨간 구슬과 파란 구슬의 개수의 차는 $12-9=3$(개)입니다.

6 24

풀이 덩순이의 규칙은 덩달이가 말한 수를 3으로 나누는 것입니다. 따라서 3으로 나눈 수가 8이면 덩달이가 말한 수는 24입니다.

7 하경, 5개

풀이 하경:

1　4　7　10　13　16　19　22
　+3　+3　+3　+3　+3　+3　+3

선우:

3　5　7　9　11　13　15　17
　+2　+2　+2　+2　+2　+2　+2

따라서 8째 번에는 하경이가
$22-17=5$(개) 더 많이 사용하게 됩니다.

8 예
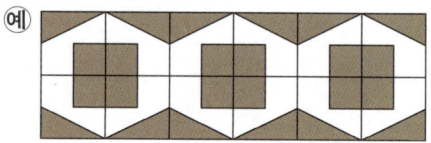

풀이 주어진 모양을 밀기의 방법을 이용하여 무늬를 만들었습니다.

예
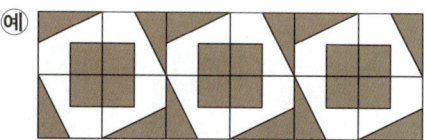

풀이 주어진 모양을 뒤집기의 방법을 이용하여 무늬를 만들었습니다.

예
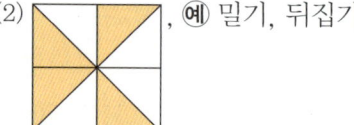

풀이 주어진 모양을 돌리기의 방법을 이용하여 무늬를 만들었습니다.

9 (1) ⬜ , 밀기 또는 돌리기

(2) ⬜ , 예 밀기, 뒤집기

10 ⬜

풀이 윗줄 : 주어진 모양을 밀기 ➡ 오른쪽으로 90° 돌리기 ➡ 오른쪽으로 90° 돌리기 ➡ 오른쪽으로 90° 돌리기
아랫줄 : 주어진 모양을 아래로 뒤집기 ➡ 왼쪽으로 90° 돌리기 ➡ 왼쪽으로 90° 돌리기 ➡ 왼쪽으로 90° 돌리기

※해답은 따로 보관하고 있다가 채점할 때 사용해 주세요.

151a~153b

1 〔예〕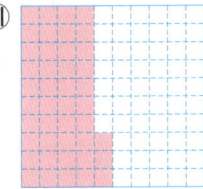

풀이 큰 사각형을 1로 보면 작은 사각형 1개는 0.01을 나타냅니다.
0.43은 0.01이 43개이므로 작은 사각형 43개를 색칠합니다.

2 (1) 2.27 (2) 0.504

3 오점 구삼이

4 6, 4, 2, 8
풀이 64.28＝60＋4＋0.2＋0.08

5 0.008
풀이 숫자 8은 영점 영영일의 자리 숫자이므로 나타내는 수는 0.008입니다.

6 ④
풀이 영점 영영일의 자리 숫자는
① 8 ② 6 ③ 5 ④ 4 ⑤ 9

7 (1) 72.846 (2) 52.074
풀이 (1) 72＋0.8＋0.046＝72.846
(2) $\frac{1}{100}$＝0.01, $\frac{1}{1000}$＝0.001이므로
$\frac{1}{100}$이 7개이면 0.07, $\frac{1}{1000}$이 4개이면 0.004입니다.
50＋2＋0.07＋0.004＝52.074

8 (1) 0.034 (2) 18.035
풀이 1000m＝1km이므로
1m＝0.001km
(1) 34m＝0.034km
(2) 18035m＝18.035km

9 (왼쪽부터) 0.068, 0.68, 68, 680
풀이 6.8의 $\frac{1}{100}$배 ➡ 0.068
6.8의 $\frac{1}{10}$배 ➡ 0.68
6.8의 10배 ➡ 68
6.8의 100배 ➡ 680

10 0.427, 427
풀이 4.27의 $\frac{1}{10}$배 ➡ 0.427
4.27의 100배 ➡ 427

11 (1) 42.81, 428.1
(2) 6.23, 0.623

12 0.59~~0~~
풀이 소수점 아래 끝자리 숫자 0은 생략하여 나타낼 수 있습니다.

13 〔예〕 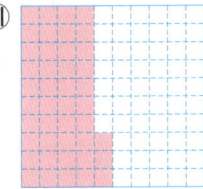 , ＞

14 (1) ＜ (2) ＞
풀이 (1) 4.29＜5.13
(2) 0.74＞0.736

15 0.97, 1.045, 1.102

16 경철
풀이 37.105＜37.45이므로
경철이의 몸무게가 더 많이 나갑니다.

17 ＜
풀이 9.15의 $\frac{1}{10}$배 → 0.915
0.094의 10배 → 0.94
➡ 0.915＜0.94

18 은혁
풀이 수홍이네 집까지의 거리를 km로 나타내면 1125m＝1.125km입니다.
0.991＜1.125＜1.302이므로 은혁이네 집이 가장 가깝습니다.

154a~156b

1 3.457, 3.475
풀이 수직선의 작은 눈금 한 칸은 0.001을 나타냅니다.

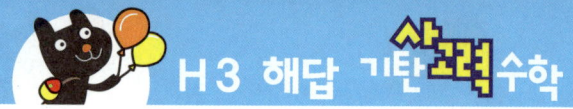

2 52.641, 오십이점 육사일
> **풀이** $52+0.6+0.04+0.001=52.641$

3 (1) $8.51=8+0.5+0.01$
(2) $4.086=4+0.08+0.006$

4 3
> **풀이** $8+0.7+0.02+0.014=8.734$
8.734의 영점 영일의 자리 숫자는 3입니다.

5 ③
> **풀이** 영점 영영일의 자리 숫자를 알아보면
① 0.58<u>7</u> ➡ 7
② 24.01<u>4</u> ➡ 4
③ 6.12<u>8</u> ➡ 8
④ 8.26<u>5</u> ➡ 5
⑤ 19.34<u>6</u> ➡ 6
이므로 가장 큰 것은 ③입니다.

6 0.005
> **풀이** $100cm=1m=0.001km$이므로
$500cm=5m=0.005km$

7 2.3
> **풀이** □의 $\frac{1}{100}$배는 0.023
➡ □는 0.023의 100배
➡ □는 2.3

8 529
> **풀이** $5+0.2+0.09=5.29$
5.29의 100배인 수 ➡ 529

9 ⑤
> **풀이** 소수점 아래 끝자리 숫자가 0인 수를 찾습니다.

10 100배
> **풀이** ㉠의 숫자 2는 영점 일의 자리 숫자이므로 0.2를 나타내고, ㉡의 숫자 2는 영점 영영일의 자리 숫자이므로 0.002를 나타냅니다.
0.2는 0.002의 100배입니다.

11 <
> **풀이** 6.38의 $\frac{1}{10}$배 → 0.638
0.007의 100배 → 0.7
➡ 0.6<u>3</u>8 < 0.<u>7</u>

12 ⑤
> **풀이** ① 4.19의 10배인 수 ➡ 41.9
② 0.419의 1000배인 수 ➡ 419
③ 41.9의 $\frac{1}{10}$배인 수 ➡ 4.19
④ 419의 $\frac{1}{100}$배인 수 ➡ 4.19
⑤ 41.9의 100배인 수 ➡ 4190

13 ㉠, ㉢, ㉡
> **풀이** ㉡ $5\frac{92}{1000}=5.092$
➡ ㉠ 5.912 > ㉢ 5.192 > ㉡ 5.092

14 성일
> **풀이** $0.927km=927m$이고
$927>920.8$이므로
성일이가 더 많이 달렸습니다.

15 348, 3480
> **풀이** 10배씩 커지고 있습니다.
34.8의 10배 ➡ 348
348의 10배 ➡ 3480

16 3개
> **풀이** $12.245>12.□37$에서 밑줄 친 영점 영일의 자리 숫자를 비교하면 $4>3$이므로 □ 안에 들어갈 숫자는 0, 1, 2의 3개입니다.

17 7.412
> **풀이** 가장 큰 소수 : 7.421
둘째로 큰 소수 : 7.412

18 5.433
> **풀이** 조건 ㉠, ㉡을 만족하는 소수 세 자리 수는 5.43□
조건 ㉢에 의해 □=3
따라서 조건을 모두 만족하는 소수는 5.433입니다.

19 7개
> **풀이** $7.09<□<7.098$에서 □가 될 수 있는 소수 세 자리 수는 7.091, 7.092, 7.093, 7.094, 7.095, 7.096, 7.097의 7개입니다.

157a~159b

1 2, 6, 10, 14

2 (예) 바둑돌의 수가 4개씩 많아지는 규칙입니다.

3 22개

풀이 5째 번 : 14+4=18(개)
6째 번 : 18+4=22(개)

4 4, 7, 10, 13, 16

5 (예) 사각형을 1개 더 만드는 데 성냥개비가 3개씩 늘어나는 규칙입니다.

6 37개

풀이 4+3×11=37(개)

7 (예) 쌓기나무가 2개, 3개, 4개, ……씩 많아지는 규칙입니다.

8 36개

풀이 1+2+3+4+5+6+7+8=36(개)

9 (예) 앞의 수보다 1, 3, 5, 7, ……씩 커지는 규칙입니다. / 17

풀이 1 2 5 10 □ 26 ……
    +1 +3 +5 +7 +9

따라서 □ 안에 들어갈 수는 17입니다.

10 검은색 바둑돌

풀이
과 같이 5개의 바둑돌이 규칙적으로 반복되게 놓여 있습니다.
32÷5=6…2이므로 규칙이 6번 반복되고 32째 번에는 2째 번과 같은 검은색 바둑돌을 놓게 됩니다.

11 (예) 선희가 말한 수에 3을 곱하는 규칙입니다.

12 60

풀이 20×3=60

13 9

풀이 (선희가 말한 수)×3=27
(선희가 말한 수)=9

14

15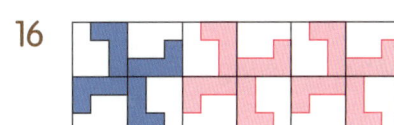

16

17

18 (예) 밀기, 돌리기

19 (예) 밀기, 뒤집기

160a~162b

1 3, 4, 5, 6 / 1, 1, 1 / 8개

풀이 쌓기나무가 위로 1개씩 많아지는 규칙이므로
5째 번 : 6+1=7(개)
6째 번 : 7+1=8(개)

2 2 4 6 8 / 12개
    +2 +2 +2

풀이 구슬이 2개씩 많아지는 규칙이므로
5째 번 : 8+2=10(개)
6째 번 : 10+2=12(개)

3 (1) (예) 바둑돌이 2개씩 많아지는 규칙입니다.
(2) 13개

풀이 (2) 바둑돌이 2개씩 많아지는 규칙이므로
5째 번 : 7+2=9(개)
6째 번 : 9+2=11(개)
7째 번 : 11+2=13(개)

4 (예) 쌓기나무가 1개, 2개, 3개, ……씩 많아지는 규칙입니다. / 22개

풀이 1 2 4 7 11 16 22
    +1 +2 +3 +4 +5 +6

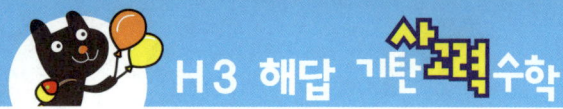
5 14개

풀이 야구공이 2개씩 많아지는 규칙이므로 7째 번에는
$2+2+2+2+2+2+2=14$(개)를 놓아야 합니다.

6 64개

풀이 구슬이 2배씩 많아지는 규칙이므로 6째 번에는
$2\times2\times2\times2\times2\times2=64$(개)를 놓아야 합니다.

7 31개

풀이 사각형을 1개 더 만드는 데 성냥개비가 3개씩 많아지는 규칙이므로 사각형을 10개 만드는 데 $4+3\times9=31$(개)가 필요합니다.

8 21

풀이 수연이의 규칙은 정훈이가 말한 수에 9를 더하는 것이므로 수연이가 답한 수가 30이면 정훈이가 말한 수는 $30-9=21$입니다.

9 ㉢

풀이 어느 방향으로 밀어도 모양은 변하지 않습니다.

10 예

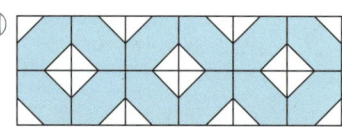

11 예

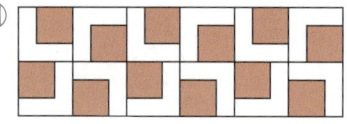

12 ②

풀이 ②는 옆으로 뒤집기 하여 만들 수 있습니다.

13

14 예 밀기, 돌리기

15 (1) ㉡ (2) ㉠

풀이 ㉢은 뒤집기의 방법을 이용하여 만든 무늬입니다.

163a~163b **창의력 학습**

a 0.28km, 0.504km, 0.745km, 0.98km

풀이 1000m=1km이므로
민수 : 280m=0.280km
은정 : 504m=0.504km
경희 : 745m=0.745km
성호 : 980m=0.980km

b

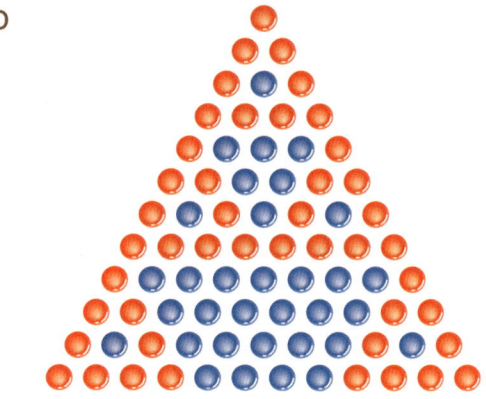

164a~165b **경시대회 예상문제**

1 1.75km

풀이 일주일은 7일이므로 7일 동안 은서가 달린 거리는 $250\times7=1750$(m)입니다.
1000m=1km이므로
1750m=1.75km

2 어떤 수의 $\frac{1}{100}$ 배는 0.026이므로

어떤 수는 0.026의 100배인 2.6입니다.
2600은 2.6의 1000배입니다.
[답] 1000배

평가 기준	
상	어떤 수를 구하고 답을 구한 경우
중	어떤 수는 구했으나 답을 구하지 못한 경우
하	어떤 수와 답을 모두 구하지 못한 경우

3 4.765

풀이 5보다 작으면서 5에 가장 가까운 수는 4.765이고, 5보다 크면서 5에 가장 가까운 수는 5.467입니다.
4.765와 5.467 중에서 5에 더 가까운 수는 4.765입니다.

4 5개

풀이 3<□<3.5를 만족하는 소수 두 자리 수 중 각 자리 숫자의 합이 10인 수는 3.07, 3.16, 3.25, 3.34, 3.43의 5개입니다.

5 0.587, 0.588, 0.589

풀이 기린>호랑이>토끼>원숭이>소의 순서이므로 m를 km로 고쳐서 비교하면
0.590>□>0.586>0.390>0.256
□가 될 수 있는 소수 세 자리 수는 0.587, 0.588, 0.589입니다.

6 ㉡, ㉣, ㉢, ㉠

풀이 자연수부터 크기를 비교하면 ㉡, ㉣이 ㉠, ㉢보다 큽니다.
㉡, ㉣을 비교하면 □ 안에 어떤 숫자를 넣어도 4□.123>40.01□이므로 ㉡>㉣이고, ㉠, ㉢을 비교하면 □ 안에 어떤 숫자를 넣어도 39.0□2<39.□99이므로 ㉠<㉢입니다.
따라서 ㉡>㉣>㉢>㉠입니다.

7 145개

풀이 각 층의 쌓기나무의 개수는 한 층 내려갈 때마다 3개씩 많아집니다. 따라서 10층까지 쌓으려면
1+4+7+10+13+16+19+22+25+28=145(개) 필요합니다.

8 52개

풀이 사각형 10개 만드는 데 필요한 성냥개비 수 : 4+3×9=31(개)
삼각형 10개 만드는 데 필요한 성냥개비 수 : 3+2×9=21(개)
➡ 31+21=52(개)

9 39개

풀이
과 같이 10개의 바둑돌이 규칙적으로 반복되게 놓여 있습니다. 바둑돌 96개를 위의 규칙으로 늘어놓으면 위 모양이 9번 반복되고 앞부터 6개의 바둑돌이 더 놓이게 되므로 검은색 바둑돌은 모두
4×9+3=39(개)입니다.

10 10째 번에 놓인 바둑돌의 수는
1+3+5+7+9+11+13+15+17+19
이고 흰색 바둑돌은
1+5+9+13+17=45(개), 검은색 바둑돌은 3+7+11+15+19=55(개)이므로 검은색 바둑돌이 55-45=10(개) 더 많습니다.
[답] 검은색 바둑돌, 10개

평가 기준	
상	규칙을 찾아내고 답을 구한 경우
중	규칙은 찾았으나 답을 구하지 못한 경우
하	규칙과 답을 모두 구하지 못한 경우

11 예

12 예 , 돌리기

풀이 왼쪽으로 90°씩 돌리기 하여 이어 붙여서 만든 모양입니다.

166a~167b

1 300

2 (1) 57391, 오만 칠천삼백구십일
(2) 83147, 팔만 삼천백사십칠
풀이 (1) 50000+7000+300+90+1=57391
(2) 80000+3000+100+40+7=83147

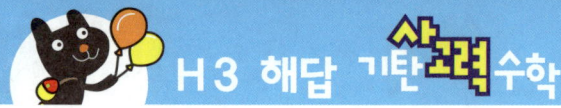

3 ④

풀이 백만의 자리 숫자를 알아보면
① 3215467 ➡ 3
② 54690125 ➡ 4
③ 91032764 ➡ 1
④ 18472354 ➡ 8
⑤ 40612793 ➡ 0

4 157080원

풀이 10000원짜리 15장 ➡ 150000원
1000원짜리 6장 ➡ 6000원
100원짜리 9개 ➡ 900원
10원짜리 18개 ➡ 180원
따라서
150000＋6000＋900＋180＝157080
(원)입니다.

5 8574310

풀이 십만의 자리 숫자가 5인 일곱 자리
수는 □5□□□□□이므로 백만의 자리
부터 큰 숫자를 넣으면 8574310입니다.

6 ㉠

풀이 십억의 자리 숫자를 알아보면
㉠ 십육조 사천이백육십이억 오천칠백만
➡ 16│4262│5700│0000 ➡ 6
㉡ 4조 2194억 3000만의 100배인 수
➡ 421│9430│0000│0000 ➡ 3

7 10000배

풀이 ㉠의 6은 60억을 나타내고 ㉡의 6
은 60만을 나타냅니다.
60만의 10배는 600만, 100배는 6000
만, 1000배는 6억, 10000배는 60억입니
다.
따라서 ㉠은 ㉡의 10000배입니다.

8 (1) 5억 3416만
(2) 1조 3억, 1조 1003억

풀이 (1) 백만의 자리 숫자가 1씩 커지므
로 100만씩 뛰어서 센 것입니다.
(2) 천억의 자리 숫자가 1씩 커지므로
1000억씩 뛰어서 센 것입니다.

9 4조 2500억, 42조 5000억

풀이 4250억의 10배 ➡ 4조 2500억
4조 2500억의 10배 ➡ 42조 5000억

10 45만 6000원

풀이 25만 6000원
1달 뒤 : 30만 6000원 ⤵ 5만
2달 뒤 : 35만 6000원 ⤵ 5만
3달 뒤 : 40만 6000원 ⤵ 5만
4달 뒤 : 45만 6000원 ⤵ 5만

11 (○)
( )
(△)

풀이 54123278400520
＞54098364217600
＞53970028541628
조의 자리 숫자를 비교하면 4＞3
천억의 자리 숫자를 비교하면 1＞0

12 6, 7, 8, 9

풀이 위의 자리 숫자부터 차례로 크기를
비교하면
5852009154 ＜ 58□1796485
십억, 억의 자리 숫자가 같고, 백만의 자리
숫자가 2＞1이므로 천만의 자리 숫자는
5＜□이어야 합니다.
따라서 □ 안에는 6, 7, 8, 9가 들어갈 수
있습니다.

168a~169b

1 ＞

풀이 40×800＝32000,
600×50＝30000
➡ 32000＞30000

2
```
      4 5 6
 ×      3 7
    3 1 9 2
  1 3 6 8
  1 6 8 7 2
```

3 307987

풀이 4219×73＝307987

4 (1) 816   (2) 4250

풀이 (1) 6×17×8＝102×8＝816
(2) 25×34×5＝850×5＝4250

※해답은 따로 보관하고 있다가 채점할 때 사용해 주세요.

5 366400원

풀이 $4580 \times 80 = 366400$

6 3640쪽

풀이 1주일은 7일이므로 4주일은 28일입니다.
$2 \times 65 \times 28 = 3640$

7 29512

풀이 $527 + (어떤 수) = 583$
$(어떤 수) = 583 - 527 = 56$
바르게 계산하면
$527 \times 56 = 29512$

8 (1) $6 \cdots 30$, $40 \times 6 + 30 = 270$
(2) $8 \cdots 11$, $58 \times 8 + 11 = 475$

9 ㉢

풀이 ㉠ $723 \div 87 = 8 \cdots 27$
㉡ $462 \div 61 = 7 \cdots 35$
㉢ $285 \div 31 = 9 \cdots 6$
몫의 크기를 비교하면 $9 > 8 > 7$이므로
㉢ > ㉠ > ㉡입니다.

10 1, 2, 3

풀이 $44 \div 27 = 1 \cdots 17$
$82 \div 18 = 4 \cdots 10$
$174 \div 43 = 4 \cdots 2$
나머지의 크기를 비교하면 $17 > 10 > 2$입니다.

11 998

풀이 $\square \div 54 = 18 \cdots 26$
$\square = 54 \times 18 + 26 = 998$

12 12송이

풀이 $9m = 900cm$이므로
$900 \div 75 = 12$

13 (1) 765, 13
(2) $765 \div 13$ / 58, 11

170a~171b

1 2, 3, 1

2 (1) $30°$ (2) $115°$

3 (1) $75°$ (2) $100°$

4 (1) 예

(2) 예

5 (1) 예 $50°$, $50°$
(2) 예 $140°$, $135°$

6 (1) $125°$ (2) $275°$ (3) $35°$ (4) $165°$

풀이 (2) 2직각 $+ 95° = 180° + 95°$
$= 275°$
(4) 3직각 $- 105° = 270° - 105° = 165°$

7 $194°$, $78°$

풀이 합 : $136° + 58° = 194°$
차 : $136° - 58° = 78°$

8 $120°$

풀이 각도기로 각을 재어 보거나, 시계에서 큰 눈금 한 칸의 크기는 $30°$이므로
$30° \times 4 = 120°$로 구할 수 있습니다.

9 (1) 80 (2) 120

풀이 (1) 삼각형의 세 각의 크기의 합은 $180°$이므로
$\square = 180° - 65° - 35° = 80°$
(2) 사각형의 네 각의 크기의 합은 $360°$이므로
$\square = 360° - 80° - 90° - 70° = 120°$

10 (1) $70°$ (2) $190°$

풀이 (1) 삼각형의 세 각의 크기의 합은 $180°$이므로
$㉠ + ㉡ = 180° - 110° = 70°$
(2) 사각형의 네 각의 크기의 합은 $360°$이므로
$㉠ + ㉡ = 360° - 75° - 95° = 190°$

11 (1) 100 (2) 95

풀이 (1) 다음 그림에서

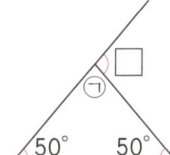

삼각형의 세 각의 크기의 합은 180°이므로

㉠＝180°－50°－50°＝80°

□＝180°－㉠

＝180°－80°＝100°

(2) 다음 그림에서

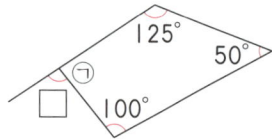

사각형의 네 각의 크기의 합은 360°이므로

㉠＝360°－100°－50°－125°＝85°

□＝180°－㉠

＝180°－85°＝95°

12 720°

 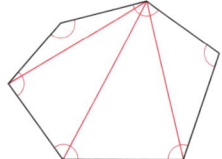

그림과 같이 도형은 4개의 삼각형으로 나눌 수 있으므로 도형의 여섯 각의 크기의 합은 180°×4＝720°입니다.

172a~173b

1 나, 라, 마, 바

풀이 삼각형의 세 각의 크기의 합은 180°이므로 나머지 한 각의 크기를 각각 구해 보면

가 : 180°－60°－30°＝90°

나 : 180°－65°－65°＝50°

다 : 180°－50°－30°＝100°

라 : 180°－60°－60°＝60°

마 : 180°－35°－110°＝35°

바 : 180°－90°－45°＝45°

사 : 180°－125°－30°＝25°

아 : 180°－40°－60°＝80°

2 라

풀이 세 각의 크기가 모두 60°인 삼각형을 찾습니다.

3 나, 라, 아

풀이 세 각의 크기가 모두 직각보다 작은 삼각형을 찾습니다.

4 다, 마, 사

풀이 한 각의 크기가 직각보다 크고 180°보다 작은 삼각형을 찾습니다.

5 (1)

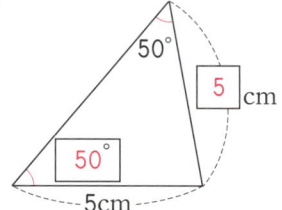

(2) 110

풀이 (2) 다음 그림에서

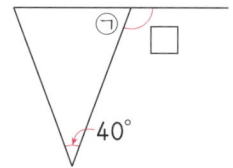

㉠＝(180°－40°)÷2＝70°

□＝180°－㉠

＝180°－70°＝110°

6 ㉡

풀이 ㉠ 정삼각형이므로 이등변삼각형

㉢ 나머지 한 각의 크기가 180°－50°－65°＝65°이므로 이등변삼각형

㉣ 정삼각형이므로 이등변삼각형

7 (1)

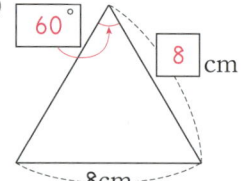

(2) 120

풀이 (1) 정삼각형은 세 변의 길이와 세 각의 크기가 각각 같습니다.

(2) 정삼각형의 한 각의 크기는 60°이므로

□＝180°－60°＝120°

8 54cm

풀이 정삼각형은 세 변의 길이가 모두 같으므로 세 변의 길이의 합은

18＋18＋18＝54(cm)입니다.

※해답은 따로 보관하고 있다가 채점할 때 사용해 주세요.

9 8

풀이 정삼각형의 세 변의 길이의 합은
$7 \times 3 = 21$(cm)이므로 이등변삼각형에서
$5 + \square + \square = 21$, $\square + \square = 16$,
$\square = 8$cm

10 라 / 가, 다

11 예각, 둔각, 둔각, 예각

12 4개, 2개

풀이

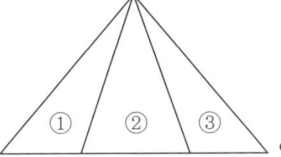

에서

예각삼각형 : ②, ①+②, ②+③, ①+②
+③의 4개
둔각삼각형 : ①, ③의 2개

13 예각삼각형

풀이 삼각형의 세 각의 크기의 합은 180°
이므로
나머지 한 각의 크기는
$180° - 78° - 24° = 78°$
세 각이 모두 예각이므로 예각삼각형입니
다.

174a~174b

1 80

풀이 덧셈과 뺄셈이 섞여 있는 식은 앞에
서부터 차례로 계산합니다.

2 4

풀이 곱셈과 나눗셈이 섞여 있는 식은 앞
에서부터 차례로 계산합니다.

3 67

풀이 덧셈, 뺄셈, 곱셈이 섞여 있는 식은
곱셈을 먼저 계산합니다.

4 43

풀이 덧셈, 뺄셈, 나눗셈이 섞여 있는 식
은 나눗셈을 먼저 계산합니다.

5 99

풀이 ( )가 있고 덧셈, 뺄셈, 곱셈, 나눗
셈이 섞여 있는 식은
( ) 안 ➡ 곱셈, 나눗셈 ➡ 덧셈, 뺄셈
의 순서로 계산합니다.

6 11

풀이 ( ), { }가 있는 식은 ( ) 안을
먼저 계산합니다.

7 100

8 17

9 ③

풀이 ① $(30+25) \div 5 = 55 \div 5 = 11$
$30 + 25 \div 5 = 30 + 5 = 35$
② $16 \times (3+9) = 16 \times 12 = 192$
$16 \times 3 + 9 = 48 + 9 = 57$
③ $31 - (15 \times 2) = 31 - 30 = 1$
$31 - 15 \times 2 = 31 - 30 = 1$
④ $14 \times (9-3) = 14 \times 6 = 84$
$14 \times 9 - 3 = 126 - 3 = 123$
⑤ $96 \div (16-4) = 96 \div 12 = 8$
$96 \div 16 - 4 = 6 - 4 = 2$

10 $92 - 56 \div 7 \times 9 = 20$

11 $7 \times 100 - 10 \times 50 = 200$ / 200회

풀이 일주일은 7일입니다.
은미 : $10 \times 50 = 500$(회)
성호 : $7 \times 100 = 700$(회)
따라서 성호가 은미보다
$700 - 500 = 200$(회) 더 많이 하였습니다.

12 $5000 - 400 \times 5 - 800 = 2200$ /
2200원

13 $8 \times 12 \div (7+9) = 6$ / 6자루

풀이 연필 1타는 12자루입니다.

14 1500

풀이 어떤 수를 $\square$라 하면
$(\square + 100) \div 15 = 20$
$\square + 100 = 300$
$\square = 200$
바르게 계산하면
$(200 - 100) \times 15 = 1500$

175a~175b

1 7개

풀이 분모가 8인 진분수는
$\dfrac{1}{8}, \dfrac{2}{8}, \dfrac{3}{8}, \dfrac{4}{8}, \dfrac{5}{8}, \dfrac{6}{8}, \dfrac{7}{8}$의 7개입니다.

2 2, 3, 4, 5, 6, 7

풀이 가분수는 분자가 분모와 같거나 분모보다 큰 분수를 말합니다.

3 $2\dfrac{3}{7}, 3\dfrac{2}{7}, 7\dfrac{2}{3}$

4 (1) $\dfrac{11}{3}$ (2) $\dfrac{22}{9}$ (3) $2\dfrac{1}{4}$ (4) $3\dfrac{4}{7}$

5 (1) > (2) > (3) < (4) <

풀이 (4) $\dfrac{10}{7} = 1\dfrac{3}{7}$이므로 $1\dfrac{3}{7} < 1\dfrac{5}{7}$

6 $1\dfrac{5}{10}, 1\dfrac{7}{10}, \dfrac{21}{10}$

풀이 $\dfrac{21}{10} = 2\dfrac{1}{10}$이므로
$1\dfrac{5}{10} < 1\dfrac{7}{10} < 2\dfrac{1}{10}$

7 $6\dfrac{1}{5}$L

풀이 7월은 31일까지 있으므로 미선이가 7월 한 달 동안 마신 우유의 양은
$\dfrac{31}{5} = 6\dfrac{1}{5}$(L)입니다.

8 3개

풀이 $3\dfrac{2}{9} = \dfrac{29}{9}$이므로 $\dfrac{25}{9} < \dfrac{\square}{9} < \dfrac{29}{9}$
를 만족하는 □는 26, 27, 28입니다.

176a~176b

1 (1) 5.43, 오점 사삼
(2) 2.085, 이점 영팔오

풀이 (1) 작은 눈금 한 칸은 0.01을 나타냅니다.
(2) 작은 눈금 한 칸은 0.001을 나타냅니다.

2 (1) 24.34 (2) 50.069

풀이 (1) $24 + 0.3 + 0.04 = 24.34$

(2) $\dfrac{1}{100} = 0.01$, $\dfrac{1}{1000} = 0.001$이므로

$\dfrac{1}{100}$이 6개이면 0.06, $\dfrac{1}{1000}$이 9개이면
0.009입니다.
$50 + 0.06 + 0.009 = 50.069$

3 (1) 2.63, 0.263
(2) 1000, 100

4 0.060, 1.570, 0.100

5 1.84에 △표, $\dfrac{1308}{100}$에 ○표

풀이 $\dfrac{1308}{100} = 13.08$, $10\dfrac{1}{10} = 10.1$
이므로
$1.84 < 10.007 < 10.1 < 13.08$

6 5.18km

풀이 1000m=1km이므로
5180m=5.180km입니다.

7 4.5m

풀이 0.45의 10배 ➡ 4.5

177a~177b

1 11개

풀이 쌓기나무가 2개씩 많아지는 규칙입니다. 따라서 6째 번에는
$1 + 2 + 2 + 2 + 2 + 2 = 11$(개)를 놓아야 합니다.

2 24개

풀이 구슬이 3개씩 많아지는 규칙입니다. 따라서 8째 번에는
$3 + 3 + 3 + 3 + 3 + 3 + 3 + 3 = 24$(개)를 놓아야 합니다.

3 8개

풀이 벌집 모양 1개를 더 만들 때마다 성냥개비는 5개씩 늘어납니다.
$6 + 5 + 5 + 5 + 5 + 5 + 5 + 5 = 41$이므로 성냥개비 41개로는 8개의 벌집 모양을 만들 수 있습니다.

※해답은 따로 보관하고 있다가 채점할 때 사용해 주세요.

4 밀기 :

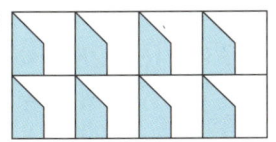

뒤집기 : 예

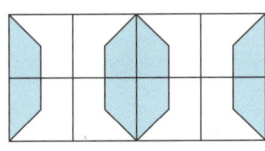

돌리기 : 예

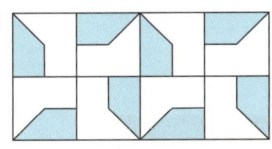

5 (1) 예 밀기, 뒤집기
(2) 예 밀기, 돌리기

178a~178b 창의력 학습

a 우리들은 사학년

풀이 $3.929 > 3.629$ (○) ➡ 학
$2.781 < 2.871$ (○) ➡ 은
$6.154 > 6.17$ (×)
$5.462 > 5.471$ (×)
$8.125 < 8.207$ (○) ➡ 리
$4.823 < 4.824$ (○) ➡ 들
$4.521 > 4.512$ (○) ➡ 사
$5.28 > 5.279$ (○) ➡ 년
$3.129 > 3.19$ (×)
$3.878 < 3.796$ (×)
$2.827 < 2.836$ (○) ➡ 우

b 예 학생이 말한 낱말의 글자 수를 말하는 규칙입니다.

179a~180b 경시대회 예상문제

1 ㉠, ㉢, ㉡

풀이 ㉠ 89조 5000억 5000만
㉡ 8억 500만의 10000배 → 8조 500억
㉢ 천억이 81개인 수 → 8조 1000억
➡ ㉠ > ㉢ > ㉡

---

2 4433221010, 1001223434

풀이 가장 큰 수 : 4433221100
둘째로 큰 수 : 4433221010
가장 작은 수 : 1001223344
둘째로 작은 수 : 1001223434

3 어떤 수를 □라 하면
$940 \div □ = 13 \cdots 56$,
$□ = (940 - 56) \div 13 = 68$
바르게 계산하면 $940 \times 68 = 63920$
[답] 63920

평가 기준	
상	어떤 수를 구하고 답을 구한 경우
중	어떤 수는 구했으나 답을 구하지 못한 경우
하	풀이와 답을 모두 구하지 못한 경우

4 100°

풀이

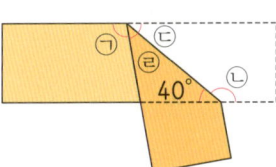

그림에서 ㉡ $= 180° - 40° = 140°$
㉢ $= 360° - 140° - 90° - 90° = 40°$
㉣ $=$ ㉢ $= 40°$
따라서 ㉠ $= 180° - 40° - 40° = 100°$

5 삼각형 ㄹㄴㄷ의 세 변의 길이의 합은
$6 + 6 + 6 = 18 (cm)$
삼각형 ㄱㄴㄷ의 세 변의 길이의 합은
$18 \times 2 = 36 (cm)$
(변 ㄱㄴ의 길이) $= (36 - 6) \div 2 = 15 (cm)$
[답] 15cm

평가 기준	
상	풀이 과정을 써서 바르게 답을 구한 경우
중	풀이 과정을 썼으나 답을 구하지 못한 경우
하	풀이와 답을 모두 구하지 못한 경우

6 95°, 둔각삼각형

풀이 변 ㄱㄴ과 변 ㄱㅁ의 길이가 같으므로 삼각형 ㄱㄴㅁ은 이등변삼각형입니다.
(각 ㄱㄴㅁ) $=$ (각 ㄱㅁㄴ)
$= (180° - 50°) \div 2 = 65°$
(각 ㄹㄴㄷ) $= 90° -$ (각 ㄱㄴㅁ)
$= 90° - 65° = 25°$
(각 ㄹㄷㄴ) $= 180° - 120° = 60°$

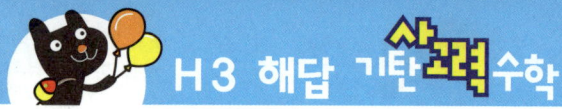
(각 ㄴㄹㄷ)＝180°－25°－60°＝95°
따라서 삼각형 ㄹㄴㄷ은 둔각삼각형입니다.

7 8

풀이 {8×(70－□)－6}÷14＋5＝40
{8×(70－□)－6}÷14＝35
8×(70－□)－6＝490
8×(70－□)＝496
70－□＝62
□＝8

8 **예** 4, 2, 7, 8, 1 또는 8, 2, 4, 7, 1

9 $\frac{13}{3}$, $\frac{14}{3}$

풀이 $\frac{□}{3}$에서 □÷3＝4…(나머지)
3으로 나누었으므로 나머지가 될 수 있는
수는 1, 2입니다.
□÷3＝4…1이면 □＝13
□÷3＝4…2이면 □＝14
따라서 조건을 만족하는 가분수는
$\frac{13}{3}$, $\frac{14}{3}$입니다.

10 $1\frac{4}{9}$

풀이 가장 작은 대분수 : $1\frac{3}{9}$

둘째로 작은 대분수 : $1\frac{4}{9}$

11 (1)

0.07km   0.08km   0.09km

(2) 0.082km

풀이 (1) 20칸을 5등분하면 한 묶음은 4
칸씩입니다.
(2) 수직선의 작은 눈금 한 칸은 0.001km
를 나타냅니다. 따라서 넷째 번 음료수
대의 위치를 소수로 나타내면 0.082km
지점입니다.

12 7개

풀이 흰색 바둑돌과 검은색 바둑돌이 번갈
아 놓이고 각 줄의 개수는 1, 3, 5, 7, ……
개로 한 줄씩 더 놓이는 규칙입니다.
7째 번에는 모두 7줄의 바둑돌이 놓입니다.

(7째 번에 놓을 흰색 바둑돌)
＝1＋5＋9＋13＝28(개)
(7째 번에 놓을 검은색 바둑돌)
＝3＋7＋11＝21(개)
따라서 7째 번에는 흰색 바둑돌이 검은색
바둑돌보다 28－21＝7(개) 더 많습니다.

H3 종료 테스트

1 (1) 백조, 900000000000000
(2) 4953, 2107, 8365, 2071

2 (1) 1050000, 1150000
(2) 1조, 1조 1000억

풀이 (1) 십만의 자리 숫자가 1씩 커지므
로 10만씩 뛰어서 센 것입니다.
(2) 천억의 자리 숫자가 1씩 커지므로
1000억씩 뛰어서 센 것입니다.

3 7, 8, 9

풀이 4|0567|5682|1340
<4|056□|8122|6907
일조, 천억, 백억, 십억의 자리 숫자가 같
고 천만의 자리 숫자가 5<8이므로 □ 안
에 들어갈 수는 7, 8, 9입니다.

4 (1) 47104   (2) 177915
(3) 8…19   (4) 17…7

5 (1) (위에서부터) 3, 4, 3, 3, 6, 8
(2) (위에서부터) 4, 8, 1, 9, 6, 2, 2, 1

풀이 (1)

$$\begin{array}{r} 5\,8\,㉠ \\ \times\quad ㉡\,6 \\ \hline ㉢\,4\,9\,8 \\ 2\,3\,㉣\,2\quad \\ \hline 2\,㉤\,㉥\,1\,8 \end{array}$$

㉠이 될 수 있는 수는 3 또는 8
583×6＝3498, 588×6＝3528이
므로 조건을 만족하는 ㉠＝3, ㉢＝3
583×㉡＝23㉣2에서 3과 곱하여 일
의 자리 숫자가 2가 되려면 3×4＝12
이므로 ㉡＝4, ㉣＝3
따라서 ㉤＝6, ㉥＝8

(2)
$$
\begin{array}{r}
\quad\ \ ㉠㉡ \\
㉢9\ )\ ㉣2\ 2 \\
\hline
7\ 6 \\
\hline
I\ ㉤㉥ \\
\hline
I\ 5\ ㉦ \\
\hline
㉧\ 0
\end{array}
$$

㉥=2, ㉥−㉦=0이므로 ㉦=2
㉤=12−6=6
㉧=㉤−5=6−5=1
9×㉡의 일의 자리 숫자가 2이므로
㉡=8
㉢9×8=152이므로 ㉢=1
19×㉠=76에서 ㉠=4
㉣2−76=16에서 ㉣=9

6 30°,

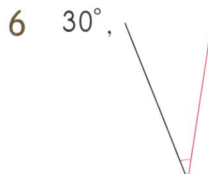

7 (1) 55 (2) 80

[풀이] (1)

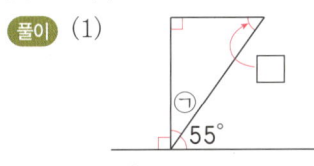

그림에서
90°+㉠+55°=90°+㉠+□=180°
□=55°

(2)

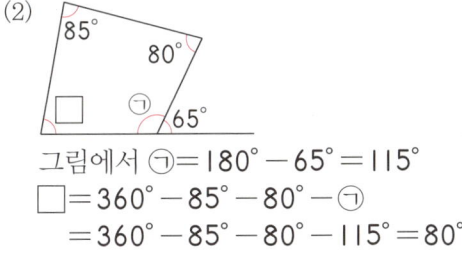

그림에서 ㉠=180°−65°=115°
□=360°−85°−80°−㉠
 =360°−85°−80°−115°=80°

8 135, 30

[풀이]

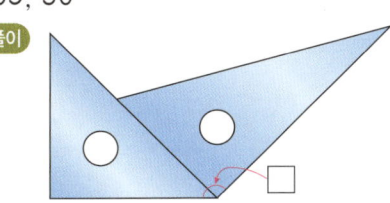

그림에서 □=45°+90°=135°

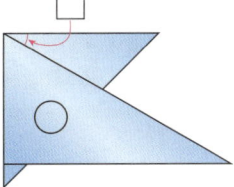

그림에서 □=90°−60°=30°

9 (1) 115 (2) 120

[풀이] (1) (각 ㄱㄴㄷ)=(각 ㄱㄷㄴ)
 =(180°−50°)÷2=65°
따라서 □=180°−65°=115°
(2) 정삼각형의 한 각의 크기는 60°이므로
 □=180°−60°=120°

10 3개, 5개

[풀이] 예각 : 직각보다 작은 각
➡ 40°, 30°, 57°의 3개
둔각 : 직각보다 크고 180°보다 작은 각
➡ 110°, 165°, 150°, 145°, 120°의 5개

11 마, 바 / 나, 라

12 (1) 10 (2) 76

[풀이] (1) 30÷{13−(5+3)}+2×5−6
 =30÷{13−8}+2×5−6
 =30÷5+2×5−6
 =6+10−6
 =10
(2) (64−26)÷2×{50−(13+10)−7}÷5
 =38÷2×{50−23−7}÷5
 =38÷2×20÷5
 =19×20÷5
 =76

13 18+(7−5)×30÷5=30

14 (1) 예 $\dfrac{1}{9}$, $\dfrac{2}{9}$, $\dfrac{3}{9}$

(2) 예 $\dfrac{8}{8}$, $\dfrac{9}{8}$, $\dfrac{10}{8}$

(3) 예 $1\dfrac{1}{7}$, $2\dfrac{3}{7}$, $5\dfrac{6}{7}$

15 (1) $\dfrac{19}{4}$ (2) $\dfrac{33}{10}$ (3) $9\dfrac{1}{2}$ (4) $2\dfrac{1}{12}$

16 $\dfrac{9}{5}$, $1\dfrac{3}{5}$, $\dfrac{7}{5}$, $1\dfrac{1}{5}$

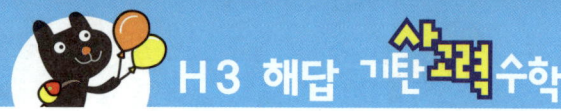
풀이 모두 대분수로 고쳐서 크기를 비교하면

$$\frac{9}{5}\left(=1\frac{4}{5}\right) > 1\frac{3}{5} > \frac{7}{5}\left(=1\frac{2}{5}\right) > 1\frac{1}{5}$$

17 (1) 영점 영영일, 0.007

(2) 6, 8, 1, 7

풀이 (2) $6.817 = 6 + 0.8 + 0.01 + 0.007$

18 (1) > (2) =

풀이 (1) 2.34의 100배인 수 → 234

234의 $\frac{1}{10}$ 배인 수 → 23.4

➡ $234 > 23.4$

(2) 0.04의 10배인 수 → 0.4

40의 $\frac{1}{100}$ 배인 수 → 0.4

➡ $0.4 = 0.4$

19 30개

풀이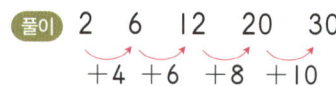
2   6   12   20   30
+4 +6   +8   +10

20 예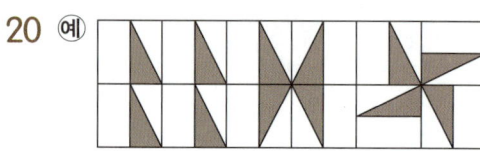